<u>**THÈSE AGRICOLE**</u>

UNE EXPLOITATION
au Sud-Est de l'Artois

JEAN POUILLAUDE

Juillet 1926

THÈSE AGRICOLE

UNE EXPLOITATION
AU SUD-EST DE L'ARTOIS

THÈSE AGRICOLE

soutenue en juillet 1926

A L'INSTITUT AGRICOLE DE BEAUVAIS

devant

MM. les Délégués de la Société des Agriculteurs de France

par

JEAN POUILLAUDE

Lauréat de la Société des Agriculteurs de France

BEAUVAIS
IMPRIMERIE DÉPARTEMENTALE DE L'OISE
26, rue de Malherbe, 26

1926

A MES CHERS PARENTS

AVANT-PROPOS

L'exploitation dont il va être question dans ce travail se trouve au sud-est de l'Artois, à Frémicourt, distant de quatre kilomètres seulement de la ville de Bapaume, qui est le centre de cette région assez réduite.

L'agriculture y est à un état très avancé, et ce coin de l'Artois passe pour être d'une fertilité et d'une richesse exceptionnelles.

Ce qui fait le succès de la culture dans cette région, c'est évidemment l'action favorable des conditions naturelles ; climat tempéré et assez humide, terre formée d'un limon de plateaux riche et d'autant meilleur que son sous-sol est perméable (craie blanche), mais c'est aussi et surtout l'action de l'homme. « L'agriculture est tellement perfectionnée en Artois que la plupart des laboureurs peuvent être proposés comme modèles (1) ».

Si on analyse quelle fut cette action de l'homme, sans vouloir faire un long historique et reprendre à ses origines la culture de notre pays, mais seulement regarder ce qui se passait avant la guerre, ce qu'ont fait et ce que font encore depuis la guerre nos agriculteurs pour relever leurs exploitations, faire rendre au sol tout ce qu'il peut donner, il faut convenir que les deux principales sources de fertilité et de richesse sont :

---

(1) Archives départementales du Pas-de-Calais.

1° *L'application rationnelle des engrais chimiques et surtout des engrais organiques. Le mot de Decrombecque à Napoléon III qui lui demandait le secret de ses belles récoltes est toujours vrai : « Du fien, mon empereur, toudis· du fien et encore du fien (1) ».*

2° *Les façons culturales nombreuses et variées ; nulle part ailleurs en France, peut-être, la terre n'est retournée et travaillée avec un soin aussi parfait, et Young, en traversant la région du Nord, en 1787, l'avait déjà remarqué : « La terre est labourée avec une attention et une activité qui n'ont point d'exemple ; les moissons y sont distribuées avec intelligence : celles qui nettoient et améliorent le sol suivant celles qui le gâtent et l'épuisent ; ce sont de véritables jardins qu'un Anglais pourrait visiter avec profit. »*

Les idées que nous venons d'émettre sur la richesse et la prospérité de la culture au sud-est de l'Artois seront les principaux jalons de notre thèse, et nous traiterons d'une façon toute particulière, puisque ce sont là les deux points les plus importants :

1° *La meilleure manière de produire le fumier économiquement, puisque c'est là le principal et le meilleur engrais à appliquer.*

Et 2° puisqu'il faut des façons culturales variées et nombreuses, nous étudierons quel est, pour nos terres, le mode de traction le meilleur et le plus économique.

---

(1) Patois artésien : « Du fumier, toujours du fumier et encore du fumier. »

Première Partie

CHAPITRE PREMIER

GENERALITE SUR L'EXPLOITATION

Situation

L'exploitation qui fera l'objet de cette étude est sise à Frémicourt, au sud-est de l'Artois, à 26 kilomètres au sud d'Arras et à 25 kilomètres à l'ouest de Cambrai.

Le chef-lieu de canton est Bapaume, à 4 kilomètres.

L'exploitation est merveilleusement située au point de vue des communications.

En effet, un magnifique réseau de routes sillonne la région et il existe un chemin de fer d'intérêt local Achiet-Marcoing, d'une grande utilité, car il rejoint, à Achiet, les principales lignes du Nord : Paris-Lille et Paris-Dunkerque.

Le développement de ces voies de communication n'est pas un des moindres facteurs de la prospérité de l'agriculture chez nous, parce que tout d'abord il a ouvert de nombreux débouchés aux produits agricoles, et ensuite parce qu'il a facilité l'introduction des méthodes nouvelles, des derniers perfectionnements, et il a permis aux cultivateurs de profiter des exemples et des leçons d'autrui.

Parmi les voies de communication, signalons la route nationale Bapaume-Cambrai, qui passe devant la ferme ; d'autre part, le chemin de fer Achiet-Marcoing dessert la localité ; l'exploitation n'est distante de la gare que de 800 mètres et même une bonne partie des terres se trouve à proximité, ce qui est très important pour les charrois de betteraves. Grâce à cela, l'exportation des produits agricoles et l'importation des matières nécessaires à l'exploitation sont assez faciles, malgré l'absence de débouchés importants à proximité.

Main-d'œuvre

Frémicourt est une petite commune dont la population s'élevait, avant la guerre, à 380 habitants, et qui n'est plus maintenant que de 270, car, outre les victimes que la guerre a faites, il y a encore nombre d'ouvriers qui n'ont pas voulu revenir dans leurs foyers dévastés, parce qu'ils préféraient l'usine là où les avait déposés le hasard des évacuations. Aussi, à l'heure actuelle, la population se trouve composée surtout de petits cultivateurs, exploitant eux-mêmes leurs terres ; et l'agriculteur qui possède un domaine un peu important est obligé de recourir à la main-d'œuvre étrangère, la main-d'œuvre locale ne suffisant pas au travail ; aussi n'est-il pas rare de voir dans les exploitations des ouvriers polonais notamment, qu'on emploie surtout comme hommes de peine, car on préfère prendre les ouvriers français comme charretiers.

Dans nombre d'exploitations, on prend également des saisonniers belges pour effectuer les binages et les arrachages de betteraves ou encore pour récolter le lin.

La main-d'œuvre étrangère, particulièrement la main-d'œuvre polonaise, donne d'excellents résultats, ces ouvriers étant en général laborieux ; on leur a reproché leur peu de fixité et leur infidélité aux contrats, mais actuellement ils tendent à se stabiliser, d'autant plus que nombreux sont ceux qui font venir leur famille en France, ou encore qui fondent un foyer.

Toutefois, si l'on préfère la main-d'œuvre polonaise pour les tâches un peu dures, pour les travaux assez délicats on emploiera plus volontiers les ouvriers français, et l'on tient à garder ceux qui restent, en leur donnant des maisons et en leur concédant un petit coin de terre qu'ils cultiveront eux-mêmes ; c'est la méthode employée dans notre exploitation et qui a donné jusqu'ici d'excellents résultats.

Eau

C'est là une question importante dans nos villages, où la nappe liquide se trouve au-dessus de la craie marneuse, à une profondeur assez grande; aussi a-t-on été obligé de forer des puits de

20 mètres et plus, autour desquels les foyers se sont groupés, choisissant de préférence les vallées.

L'eau fournie est assez calcaire et ceci se comprend facilement, car elle a filtré à travers un sous-sol crayeux. Pour abreuver les animaux, on se sert de grandes mares dans lesquelles on recueille les eaux de pluie et aussi les eaux de ruissellement, en sorte qu'en peu de temps il se forme des couches épaisses de boue au fond des abreuvoirs, ce qui nuit beaucoup à la qualité de l'eau, surtout en été. C'est pourquoi la commune a décidé de construire un puits avec un vaste réservoir qu'alimenterait une éolienne, pour distribuer l'eau par des canalisations dans tout le village. Cette initiative est excellente et fera un grand bien au pays, d'autant plus que depuis la guerre, de nombreux cas de fièvre typhoïde se sont déclarés, dus probablement à la mauvaise qualité des eaux provenant de puits empoisonnés par les Allemands.

Il existait autrefois, dans la région, quelques sources qui sont aujourd'hui taries. Elles alimentaient une petite rivière qu'on appelle « l'Agache », dont le passage à travers le terroir ne se décèle plus que par la présence de quelques vieux saules qui se penchaient sur son cours, et par la dénomination de « riot » donnée à certains champs qui se trouvent dans la vallée parcourue par cet ancien ruisseau.

Coupe Géologique
Bapaume (Pas-de-Calais)

Lat N: 55° 73' 00"
Long E: 0° 57' 50"
N-O

Lat N: 55° 64' 80"
Long E: 0° 66' 50"
S-E

Mory
Carrière de pierre à chaux
Heudnâtre
Ch de fer de Cambrai à Bapaume
Frémicourt
Haplincourt

limon des plateaux
131
limon des plateaux
126
limon de lavage
95
limon de lavage

Craie blanche à Micrasters
craie marneuse
Niveau de la Mer

CHAPITRE II

GEOLOGIE

Nous n'avons pas l'intention de traiter longuement cette question qui a été étudiée déjà plusieurs fois avec tant d'autorité (1) ; seules, l'alternance des couches et la composition de la terre arable, peuvent nous intéresser sans qu'il soit besoin de recourir à une discussion géologique savante, qui serait vaine et de peu d'intérêt dans le cas présent.

Si l'on examine la coupe géologique, on constate tout d'abord dans le sous-sol la présence d'une couche de craie marneuse qui retient l'eau. Au-dessus, se trouve la craie blanche à micrasters dont l'épaisseur assez régulière peut varier entre 40 et 50 mètres ; la présence de cette couche se décèle quelquefois sur les pentes, où elle forme des taches grisâtres. Autrefois, il existait même des carrières d'où l'on extrayait le calcaire.

Sol

Le sous-sol est recouvert presque partout par une couche limoneuse, sans qu'on passe par l'inter-

---

(1) Triboudeau : « Monographie du Pas-de-Calais ».
Risler : « Géologie agricole ».
Malpeaux : « L'agriculture de la région du Nord ».

médiaire de l'argile à silex qui est presque totalement absente dans la plaine qui s'étend entre Arras
et Cambrai.

Dans la couche limoneuse, on distingue :

1° Le limon de lavage, souvent dans le fond des
vallons, formé sous l'action des agents atmosphé-
riques qui ont pour ainsi dire lavé les pentes ;

2° Le limon des plateaux, qui couvre la presque
totalité du terroir. Ce limon est disposé en une
couche assez régulière, dont l'épaisseur peut varier
de 0^{m}50 sur certaines pentes à 3 mètres et quelquefois plus.

C'est à juste raison qu'on le nomme terre à
briques, à cause de sa forte teneur en argile, dont
la couleur brun-rougeâtre est due à la présence de
sels de fer oxydés ; en plusieurs endroits du terroir,
il y eut et il y a encore des briqueteries, surtout
depuis la guerre, où les entrepreneurs trouvaient
avantageux de fabriquer la brique sur place, pour
activer la reconstruction.

Le sol est assez ondulé, sans que toutefois les
accidents de terrain soient exagérés ; ils facilitent
l'écoulement des eaux et ne gênent nullement les
travaux de culture. L'altitude varie entre 94 et
125 mètres.

Valeur agricole

Ces limons, fortement argileux, constituent une
terre forte qui est cependant suffisamment perméable à l'air et à l'eau, pour que la nitrification
se fasse à une assez grande profondeur.

Le sol se laisse bien travailler et, d'autre part, il n'est pas trop humide, grâce à la présence immédiate dans le sous-sol de la craie à micrasters ; on lui reproche même de ne pas garder assez longtemps son humidité, et cela nuit à la création des prairies qui, par suite de la perméabilité du sol, ne conservent pas toute la vivacité nécessaire, pendant les étés un peu secs.

On voit donc que la constitution physique du sol est excellente. Mais son principal défaut est de manquer de calcaire ; il serait temps que les agriculteurs reprennent leurs bonnes pratiques d'avant-guerre pour le marnage et l'apport d'écumes de défécation, car l'analyse des terres témoigne, depuis la guerre, d'une pauvreté de plus en plus grande en chaux et, si l'on n'y porte remède, les récoltes futures pourront souffrir gravement de cette négligence. Il faut dire à la décharge des cultivateurs que les nombreuses difficultés, créées par la reconstitution de leurs exploitations, les ont forcés à négliger un peu cette question, mais déjà quelques agriculteurs qui sentent le danger d'un manque de chaux, recommencent à charrier des écumes de défécation dans leurs terres.

La richesse de la couche arable en P^2O^5 est presque suffisante : 0,90 et 0,93 % ; toutefois, il ne faut pas oublier que si cette moyenne est satisfaisante, c'est à cause des apports abondants que l'on fait en engrais phosphatés, car le limon des plateaux est habituellement pauvre en P^2O^5, tandis qu'au contraire il est riche en K^2O.

J. P.

De cet aperçu géologique, il faut retenir que :

1° La terre a besoin d'un apport abondant de chaux pour avoir une composition chimique bien proportionnée et pour garder une bonne constitution physique.

2° Il ne faudra pas négliger l'épandage des engrais phosphatés.

CHAPITRE III

CLIMATOLOGIE

Les vents dominants de l'ouest, du nord-ouest, font profiter la région des bienfaits du **climat** maritime et évitent un écart trop grand entre les différentes saisons. On a constaté que **la tempé**rature moyenne dans l'arrondissement d'**Arras** était de $+ 8°5$.

Par suite de la prédominance des vents d'ouest, la pluie tombe une bonne partie de l'année, presque 200 jours, et le pluviomètre accuse 0^m700 ; aussi le climat est-il assez brumeux.

Les hivers, très souvent pluvieux, ne **sont pas** rigoureux, et l'on peut semer les blés **encore assez** tard ; toutefois, il faut redouter les vents du nord, car leur action amène de brusques gelées, déconcertant l'agriculteur et pouvant nuire beaucoup **à** la végétation.

La neige, assez rare, ne persiste **jamais** longtemps.

C'est le printemps qui nous réserve **le** plus de surprises, car il passe par toute la gamme des températures et se montre très souvent maussade ; d'autre part, les petites gelées tardives **sont à** redouter.

L'été, tempéré, ne se passe presque jamais sans pluies et souvent il survient brusquement des orages qui gênent la moisson et provoquent parfois des pertes assez sérieuses.

« L'automne, dit M. Malpeaux (1), est généralement la plus belle saison », et ceci est très favorable pour l'arrachage des betteraves et les semis ; cependant, certaines années, il survient des pluies qui gênent considérablement dans les travaux, d'autant plus que la terre est assez forte.

On n'a plus, à l'heure actuelle, à signaler de ces gelées intempestives dont parlent les vieux agriculteurs et qui, certaines années, provoquaient la perte de champs entiers de betteraves ; si de pareils écarts de température survenaient maintenant, les dégâts seraient peu importants, car la création de nombreuses sucreries et, d'autre part, la facilité des communications, permettent à l'agriculteur d'effectuer rapidement ses charrois et de livrer les betteraves, sitôt arrachées.

Voilà donc fixées, d'une manière que nous avons essayée de rendre précise, la situation et les conditions naturelles dans lesquelles se trouve notre exploitation.

La conclusion de cette courte étude sera que nous nous trouvons dans des conditions tout à fait favorables pour pratiquer la culture intensive, et notamment la culture de la betterave sucrière et du blé, qui donneront dans ces terres profondes et riches d'excellents rendements.

____

(1) — « La vie agricole sous l'ancien régime dans le Nord de la France » (Baron de Calonne.)

Deuxième Partie

SYSTÈME CULTURAL

Il est curieux de noter, comme l'agriculture a évolué rapidement chez nous et s'est perfectionnée à mesure que progressaient les sciences agronomiques et que les conditions économiques s'amélioraient. A la fin du XIXᵉ siècle, le baron de Calonne faisait déjà remarquer « que l'agriculture est arrivée, en Artois, à la plus haute perfection : où la trouver, en effet, aussi variée ? Où trouver des hommes plus prompts à s'emparer des méthodes nouvelles, plus dociles aux leçons de l'expérience, plus attachés enfin à la recherche des moyens d'accroître la somme de leurs jouissances ?... (1) »

Nos agriculteurs avaient sous les yeux les exemples de leurs voisins d'outre-Manche et d'outre-Rhin, aussi comprirent-ils bien vite qu'il ne fallait pas s'abandonner à la routine, et notre région fut l'une des premières où, à la jachère, on substitua les prairies artificielles et la culture de la betterave avec l'assolement triennal, et où se propagea avec

______

(1) « La vie agricole sous l'ancien régime dans le Nord de la France. » (Baron de Calonne.)

rapidité l'emploi des engrais chimiques ; et les bons vieux cultivateurs rappellent volontiers le temps, où l'application des engrais chimiques sur les betteraves étant défendue, ils allaient néanmoins, la nuit, semer du nitrate de soude à la lueur des lanternes, au risque d'encourir de fortes amendes.

C'est cet esprit progressiste qu'avaient les cultivateurs, qui a valu à notre région la prospérité et la richesse qu'elle avait avant-guerre et que la tourmente de 1914-1918 n'a pu détruire entièrement ; en effet, la terre a été retournée par la mitraille, les exploitations ont été démolies et la vie semblait bannie de nos campagnes ; mais, aujourd'hui, après six années de lutte et de tourments, après des efforts surhumains, la plaine a presque repris son aspect d'autrefois et les riches moissons couvrent à nouveau nos champs.

CHAPITRE PREMIER

ASSOLEMENT

L'exploitation a une superficie de 130 hectares, dont 5 hectares seulement sont en prairies naturelles.

Avant la guerre, on pratiquait l'assolement triennal avec le tiers de la culture en betteraves sucrières ; ensuite venaient comme plantes principales : le blé, l'avoine et l'orge.

Depuis la guerre, on a tâché de se rapprocher le plus possible de cet assolement, mais bien souvent on a dû s'en écarter, car certaines terres étaient en très mauvais état et n'ont pu être remises en culture que petit à petit ; d'autre part, il y avait la question de main-d'œuvre et les conditions économiques, qui ont fait qu'on a mis un peu moins de betteraves, au bénéfice du blé.

Toutefois, le système cultural tend à redevenir normal et de plus en plus on se rapproche de l'assolement triennal pratiqué avant-guerre, avec un peu moins de betteraves toutefois et un peu plus de prairies artificielles.

Voici la distribution des cultures pour cette année :

<pre>
Betteraves sucrières...... 30 hectares
Blé 50   »
Seigle   1   »
Avoine 20   »
Escourgeon   7   »
Lin   6   »
Trèfle   6   »
Luzerne   5   »
</pre>

Cet assolement n'est pas encore bien stable, pour les raisons qui ont été dites plus haut, mais il faut espérer que bientôt les conditions économiques nous permettront de reprendre l'assolement triennal tel qu'il était pratiqué avant-guerre, c'est-à-dire :

<pre>
1re sole...... Betteraves et trèfle.
2e » ...... Blé.
3e » ...... Avoine, orge, lin.
</pre>

CHAPITRE II

CULTURES

Betteraves

Les betteraves sucrières constituent l'une des principales cultures de la région ; cultivées depuis assez longtemps déjà (ce fut surtout après 1871 que cette culture prit de l'extension), elle a remplacé avantageusement les cultures d'œillette et de colza et elle a permis la suppression des jachères.

L'importance de cette plante sarclée dans notre assolement s'explique aisément, tout d'abord par la qualité de la terre, qui se prête merveilleusement au développement des racines, ensuite par les améliorations que la présence de cette plante a apportées dans l'agriculture de la région ; enfin, par la situation merveilleuse que nous possédons par suite de la proximité d'une gare et du nombre de sucreries qui se trouvent dans le pays.

Avant la guerre, à la gare de Frémicourt, il existait trois bascules, appartenant à trois sucreries différentes : Bihucourt, Escaudœuvres, Havrincourt ; depuis la guerre, les deux premières seulement ont reconstitué un poste de réception : la sucrerie de Bihucourt, à 7 kilomètres, desservie

par la ligne Achiet-Marcoing, et la sucrerie
d'Escaudœuvres ou Sucrerie Centrale de Cambrai,
qui est à 26 kilomètres.

Il est compréhensible que, dans ces conditions,
la culture de la betterave sucrière ait pris un développement rapide. Cependant, depuis la guerre, on
a remarqué un fléchissement assez sensible dans la
production de cette plante ; ainsi, dans l'exploitation qui fait l'objet de cette thèse, la surface
cultivée avant-guerre en racines atteignait le tiers
de la superficie totale, alors qu'en 1920 elle est
tombée à 7 hectares pour remonter petit à petit
jusqu'à 15, 20 et 30 hectares actuellement, c'est-à-
dire à peine le quart de la culture. Cette diminution est due à des causes bien naturelles : c'est
que tout d'abord, l'agriculteur qui est rentré dans
nos plaines dévastées, a trouvé des terres qui
n'avaient pas été travaillées depuis cinq ans déjà,
et la meilleure solution qui s'offrait à lui était
évidemment de les défricher immédiatement et
d'y semer des céréales, d'autant plus que la
main-d'œuvre était rare, les sucreries non réins-
tallées et que les travaux de reconstitution absor-
baient une grande partie de l'activité du cultivateur.

Toutes ces raisons réunies ont fait que la production en betteraves a été très faible pendant les
années qui ont suivi immédiatement la guerre, et
ce n'est que petit à petit, à mesure que les choses
reprenaient leur cours normal dans nos régions
dévastées et que les travaux de reconstitution deve-
naient moins absorbants, que les cultivateurs ont

osé remettre des betteraves sucrières, sans que toutefois les surfaces actuellement cultivées soient aussi considérables qu'avant-guerre, du moins dans la moyenne et la grande culture ; c'est que les agriculteurs considèrent qu'aux conditions économiques actuelles, il est plutôt avantageux de réduire les ensemencements en betteraves au profit dés céréales, du blé particulièrement, et des fourrages verts.

En effet, il faut bien se rendre compte que la culture de la betterave, à l'heure actuelle, étant données la forme des contrats passés entre fabricants et cultivateurs et la variation extrême des cours du sucre, peut devenir parfois bien chanceuse, et l'on pense que l'agriculteur a raison d'agir avec prudence, quand on voit le prix de la tonne de betteraves tomber brusquement de 60 francs d'une année à l'autre ; en 1923, en effet, elle fut payée 210 francs, alors qu'en 1924, elle ne fut payée que 140 francs.

D'autre part, si l'on veut que la betterave soit payée à un prix raisonnable, il ne faut pas qu'il y ait pléthore de production, en vertu de la loi économique de l'offre et de la demande.

Tout récemment, M. le sénateur Bachelet, étudiant la crise betteravière qui existe actuellement, disait : « Les agriculteurs ont entre les mains une arme qui réussit toujours : c'est de raréfier la marchandise en réduisant les ensemencements, si les conditions d'achat qui sont imposées ne donnent pas satisfaction. »

Or, en face des exigences croissantes des fabricants de sucre, réunis en un trust puissant, le Syndicat des Agriculteurs du Pas-de-Calais a compris la nécessité de prendre une mesure énergique pour la défense des intérêts agricoles et il a envoyé à tous les agriculteurs une circulaire, dans laquelle il est dit que chacun s'engagera à réduire s'il le faut, cette année, les ensemencements en betteraves d'un tiers ; ce procédé a eu quelque efficacité, puisque dans les contrats de cette année, on a fixé le prix de la tonne de betteraves à 70 % du cours du sucre, alors que l'an dernier il était établi ainsi :

« Si le cours du sucre est compris entre 100 et 150 francs, le prix de règlement des betteraves à 7°5 sera égal à 65 % de ce cours.

« Si le cours du sucre est supérieur à 150 francs, le prix de règlement des betteraves sera établi à raison de :

« 65 % du cours de base, jusqu'à 150 francs ;

« 70 % de la fraction du cours de base comprise entre 150 et 200 francs ;

« 80 % de la fraction du cours de base dépassant 200 francs. »

On voit donc que le résultat obtenu a été appréciable, bien que n'ayant pas répondu tout à fait aux espérances, à cause du manque de solidarité entre les agriculteurs.

Une autre difficulté qui fait aussi que les surfaces cultivées en plantes sarclées sont moindres, c'est qu'elles exigent de nombreuses façons et la main-d'œuvre se fait de plus en plus rare et onéreuse à l'heure actuelle.

M. Malpeaux, lors d'une enquête qu'il a faite dans le département du Pas-de-Calais, a trouvé, d'après les renseignements qui lui ont été fournis, que le prix de revient à l'hectare de betteraves variait de 3.700 à 4.200 francs; dans ces conditions, on comprend que l'agriculteur hésite avant de semer de grandes surfaces en plantes sarclées.

ENGRAIS

Les betteraves, venant en tête d'assolement, reçoivent toujours, à l'hectare, de 35.000 à 40.000 kgs de fumier de ferme, qu'on enterre par un bon labour d'hiver. En outre, au moment des semailles, on ajoute de 800 à 1.000 kgs d'un engrais composé, ordinairement l'engrais d'Auby dosant 9 d'azote, 6 de P^2O^5 et 5 de K^2O. Enfin, en couverture, on épand 400 kgs de nitrate de soude. On voit donc que l'apport d'éléments fertilisants est assez important.

Cependant, peut-être serait-il bon d'apporter également un peu de chaux sous forme de cyanamide ou de nitrate de chaux, par exemple, car on semble délaisser les marnages et l'épandage des écumes de défécation qui se faisaient avant-guerre à peu près tous les neuf ans.

SEMAILLES

Après les façons successives à la charrue, herse, rouleau, arrive l'époque des semailles au mois d'avril ; on les fait à l'aide d'un grand semoir à cinq lignes distantes de 0^{m}43. La graine est fournie par la sucrerie au prix de 5 francs le kilo, et on en met environ 22 kgs à l'hectare.

PREMIER BINAGE

Après la levée des betteraves, on pratique un binage pour détruire les mauvaises herbes et empêcher la terre de se dessécher.

DÉMARIAGE

Le démariage a lieu dès que les feuilles ont 4 à 5 centimètres de longueur. Cette opération se pratique généralement un mois après les semailles ; elle ne saurait être retardée, car les racines se gêneraient mutuellement et s'étioleraient. Pour démarier, les ouvriers passent dans les lignes de betteraves une binette à la main et ne respectent que les racines les plus fortes ; ils consolident ces dernières en tassant un peu la terre au collet.

Ce travail, qui se paie à la tâche, demande une grande surveillance, car de lui dépend en bonne partie la réussite de la récolte.

On opère un deuxième binage, et toutes ces façons à la main sont payées 300 francs l'hectare.

FAÇONS A LA HOUE

Dans le courant de l'été, dès que les betteraves sont plus fortes, on donne plusieurs façons à la houe à cheval, pour détruire les herbes poussées entre les lignes et ameublir la couche arable.

ARRACHAGE

Il commence vers la fin du mois de septembre et se fait à la main, au prix de 400 francs l'hectare ; les ouvriers doivent décolleter les betteraves, les charger sur les chariots et couvrir, le soir, avec des fanes, les tas de racines qui sont restés sur le sol.

On n'a encore vu que peu d'arracheuses mécaniques dans la région, et encore n'ont-elles pas donné de bons résultats, à cause des pluies qui parfois viennent détremper le sol.

RENDEMENT

L'an dernier, le rendement moyen à l'hectare obtenu dans notre exploitation a été de 36 tonnes, alors que, l'année précédente, il avait atteint 39 tonnes 500.

VENTE DES BETTERAVES

Dans notre région, comme mode d'achat, on ne connaît que le pesage à la bascule avec l'établissement de la tare et la prise de densité.

Le prix de la tonne de betteraves, poids net à 7°5 de densité, sera payé, cette année, 70 % du cours du sucre.

Tout dixième de densité au-dessus de 7°5 jusqu'à 8°, est payé à raison de 0 fr. 80 pour 100 francs du cours de base. Tout dixième au-dessus de 8°, sans limite, est payé 1 franc pour 100 francs du cours de base.

Il est à noter, que le cours du sucre servant de base au paiement, est la moyenne des cotes mensuelles du sucre blanc n° 3 indigène Paris, sur le livrable des 3 de novembre, pendant le mois d'octobre et sur le disponible, pendant les mois de novembre, décembre, janvier, février, mars, avril, mai, juin, la moyenne de la cote mensuelle de janvier étant diminuée de 2 francs, celle de février de 4 francs, celle de mars de 6 francs, celle d'avril de 8 francs, celle de mai de 9 francs et celle de juin de 10 francs.

Les paiements seront effectués à raison de deux tiers approximatifs à partir du 1ᵉʳ janvier et le solde en fin de marché.

Le blé

C'est ici la plus importante culture, puisqu'elle compte pour 50 hectares à peu près dans l'assolement. A cette prédominance du blé, il y a plusieurs raisons ; c'est que tout d'abord l'assement adopté favorise particulièrement cette culture, car après betteraves et sur « défriche » de trèfle ou de luzerne, c'est évidemment la place logique de cette céréale.

Il ne faut pas oublier non plus, que sur les 50 hectares de blé cultivés cette année, il y en a 6 qui viennent sur jachère, non point que ce soit la mode chez nous de garder encore la jachère dans l'assolement, mais parce que ce sont de nouvelles terres, n'ayant pas été cultivées depuis 1914, sur lesquelles les Allemands avaient installé des voies ferrées et qu'il a fallu reconquérir petit à petit à la culture.

Toutefois, pour arriver à semer 50 hectares de blé, il a fallu mettre quelques hectares de cette céréale sur blé de betteraves en troisième sole.

Cette méthode peut être très discutable, et cependant nous avons entendu des agriculteurs avouer que leur deuxième blé valait mieux que le premier, et ceci, parce que probablement les déchets organiques tels que fanes de betteraves, collets, racines, avaient eu le temps de se décomposer et, par conséquent, rendaient la terre plus franche, moins soulevée, et assuraient à la végétation du blé une quantité suffisante d'éléments fertilisants. Une autre raison peut être aussi que les deuxièmes blés sont ordinairement semés plus tôt que les blés de betteraves, qu'on met en terre vers la fin du mois de novembre et plus tard encore quelquefois, à cause du mauvais temps.

Voilà les différentes raisons qui semblent militer en faveur du blé sur blé, bien qu'ordinairement on considère comme désavantageux, de semer deux fois en suivant la même plante, sur un sol quelconque.

Nous n'avons fait que reproduire ici les données

J. P.

qui nous ont été confiées par plusieurs agriculteurs et il serait mal venu à nous, qui n'avons aucune expérience en la matière, de venir contredire une opinion ainsi avancée.

Toutefois, nous ne pouvons considérer comme normale cette place du blé dans l'assolement et nous souhaitons que l'on puisse revenir à l'assolement triennal, tel qu'il était pratiqué avant-guerre.

VARIÉTÉS

Parmi les variétés actuellement cultivées, on trouve l'Hybride 23, qui a donné d'excellents résultats, le hâtif inversable, l'Hybride de la Paix, l'Hybride des Alliés et, enfin, le Bon Fermier, qui est toujours considéré chez nous comme l'un des meilleurs blés pour la meunerie.

ENGRAIS

Sur les blés de betteraves, pour activer la végétation, on épand à la fin de février environ 200 kgs de sulfate d'ammoniaque.

Quant au blé sur blé, comme les fumures antérieures sont déjà un peu épuisées, on épand le superphosphate à la dose de 300 kgs et le sulfate d'ammoniaque à la dose de 300 kgs également.

Sur le blé venant après « défriche », on épand 500 kgs de superphosphate.

SOINS D'ENTRETIEN

Après l'hiver, on donne plusieurs façons culturales ; tout d'abord, on herse pour aérer et appro-

prier la terre et ensuite on roule pour pulvériser
les mottes et favoriser le tallage ; c'est ce qu'on
appelle le « rhabillage ».

RÉCOLTE

La récolte a lieu vers la fin de juillet, commencement d'août ; on fauche avant que le blé ne soit
complètement mûr ; on évite ainsi l'égrenage.

Dans notre exploitation, il y a trois moisson-
neuses-lieuses Mac-Cormick, d'une coupe de 1^{m}50,
qui assurent le service pendant la moisson.

Les bottes sont aussitôt mises en « monts » (1),
afin d'assurer la dessiccation et de mieux supporter les intempéries.

Aussitôt qu'on le peut, la récolte est rentrée à la
ferme sous des hangars ou bien mise en meules ;
parfois, le blé est directement battu dans les
champs ; il y a ainsi beaucoup moins de frais.

BATTAGE

Le battage est effectué à la ferme par une moto-
batteuse de 7 HP, pendant les mauvais jours
d'hiver, afin de pouvoir employer les ouvriers ;
mais cet instrument n'arrive pas à tout battre et
l'on est obligé d'avoir recours à un entrepreneur
de battage, au moment de la récolte et pour battre
les meules.

---

(1) Les monts sont de 14 ou 18 bottes sans compter les
gerbes de couverture.

Avoine

La troisième grande culture est l'avoine, qui occupe dans notre exploitation une superficie de 20 hectares.

Parmi les avoines semées ici, on trouve la Pluie d'Or, qui donne d'excellents résultats et est très bonne pour les chevaux.

L'avoine vient toujours après blé; aussi, après la récolte de cette dernière céréale, on pratique un déchaumage, puis, en décembre, on donne un bon labour et, au printemps, on fait passer le scarificateur avec la herse et on fait suivre par l'émotteuse étoilée, afin de bien pulvériser la surface du sol.

Comme engrais, on met 200 kgs de sulfate d'ammoniaque.

Dans notre exploitation, on ne sème que de l'avoine de printemps ; quelques essais d'avoine d'hiver ont déjà eu lieu, mais n'ont pas donné d'excellents résultats : une année sur deux seulement était favorable, aussi l'agriculteur ne se risque-t-il que rarement à semer des avoines d'hiver.

SOINS D'ENTRETIEN

L'avoine est souvent envahie par de mauvaises herbes, aussi est-on obligé de procéder à des sarclages et à des échardonnages, et si les sanves sont trop nombreuses, on a recours aux pulvérisateurs ou encore on peut répandre des sulfates de cuivre ou de fer, déshydratés.

La récolte a lieu en août et, comme pour le blé, on s'efforce de prévenir l'égrenage en moissonnant un peu avant la maturité complète.

Orge

Il semble que, depuis la guerre, la culture de l'orge ait pris de l'extension dans notre région ; c'est que cette céréale se trouve dans des conditions culturales et économiques assez avantageuses ; en effet, le climat, le sol, l'abondance des brasseries dans la région du Nord, tout semble favoriser la culture de l'orge.

Dans notre exploitation, il y a environ 7 hectares d'orge d'hiver ; on cultive la variété dite « Albert », à six rangs, d'origine allemande ; on la sème vers la fin du mois de septembre.

On préfère l'orge d'hiver à l'orge de printemps, parce que tout d'abord les rendements obtenus sont excellents, et ensuite, cela soulage un peu les travaux de printemps et la moisson est légèrement avancée.

Comme pour l'avoine, on épand sur l'orge, au mois de février, environ 200 kgs de sulfate d'ammoniaque.

La récolte a lieu du 12 au 15 juillet, et très souvent on bat la céréale sur place, pour éviter des manipulations inutiles ; la paille, qui ne trouverait qu'un difficile usage à la ferme, à cause des barbes, est épandue directement sur le sol, après un léger déchaumage.

Le rendement a été, en l'an 1925, dans notre exploitation, de 56 hectolitres à l'hectare.

Lin

La culture du lin, qui était assez en vogue il y a cinquante ans environ, a subi une diminution progressive dans nos régions ; cette diminution a été provoquée tout d'abord par la loi du 11 janvier 1892, décrétant l'entrée en franchise des textiles étrangers ; ensuite, par l'apparition du coton qui a remplacé progressivement le lin et le chanvre dans la fabrication de la toile, enfin par les difficultés de main-d'œuvre et par les surprises parfois désastreuses que cause la culture du lin, surtout dans les années très sèches, où l'agriculteur peut subir de grandes pertes.

Toutefois, avant la guerre, le lin tenait une place assez importante dans nos exploitations, et l'on considérait cette plante comme étant ordinairement assez rémunératrice.

Depuis la guerre, cette culture n'a repris que très lentement, et ceci est dû surtout au manque de main-d'œuvre, aussi est-on obligé de recourir à des saisonniers belges pour effectuer les travaux d'arrachage ; certains agriculteurs même s'associent à des marchands de lin belges pour cultiver cette plante ; le cultivateur a toutes les façons culturales à effectuer, les semis et les charrois ; il doit, en outre, payer la moitié des engrais ; le marchand a, à sa charge, les frais de sarclage, d'arrachage, de mise en chaînes, de mise en meules et d'embarquement ; il paie, en outre, la semence et la moitié des engrais. Les recettes sont partagées par moitié entre les deux associés.

. Dans notre exploitation, on a mis l'an dernier 6 hectares de lin, venant après blé de betteraves ; on adopte généralement la variété de Riga.

Le lin, étant une plante à végétation très rapide, exige des façons culturales nombreuses et soignées et l'on doit s'efforcer de garder le plus d'humidité possible à la terre.

Comme engrais, on met ordinairement 200 kgs de chlorure de potassium, 400 kgs de superphosphate, 200 kgs de sulfate d'ammoniaque et, si le besoin s'en fait sentir, on ajoute un peu de nitrate.

L'arrachage s'effectue à la main, vers la fin de juin ou au commencement de juillet, quand les feuilles commencent à jaunir.

Le rendement a été, en 1925, de 6.900 kgs.

Prairies artificielles

Le trèfle et la luzerne occupent une place peu importante dans notre exploitation, et cependant ces cultures ne doivent pas être négligées à cause de leur rôle dans l'alimentation des animaux.

SEMIS

Les semis de trèfle et de luzerne se font dans l'avoine, quand les gelées ne sont plus à craindre, en mars-avril, de telle sorte que les jeunes pousses ont le temps de se développer, avant les chaleurs de l'été.

La luzerne n'est ordinairement gardée que trois ans, car on remarque, qu'après une période plus longue, elle se laisse facilement envahir par les mauvaises herbes et elle perd beaucoup de sa valeur.

RÉCOLTE

Le trèfle et la luzerne commencent à être fauchés l'année qui suit le semis ; on pratique alors deux coupes seulement, la troisième étant abandonnée à cause de son peu de valeur, à moins qu'on ne la fasse pâturer par des moutons ou par des bovins.

Quand les fourrages ont été fauchés, on les laisse quelque temps à l'air, puis on les fane et, quand ils sont bons, on les met en meulons ou sortes de pains de sucre assez volumineux qui assurent une protection suffisante contre les intempéries.

La rentrée se fait en vrac, car la main-d'œuvre est trop rare et coûteuse pour qu'on puisse effectuer le bottelage.

Troisième Partie

LA PRODUCTION DU FUMIER

CHAPITRE PREMIER

IMPORTANCE DU FUMIER

De tout temps, on a considéré le fumier de ferme comme le meilleur engrais ; à un certain moment, il y eut une sorte d'engouement pour les engrais chimiques, qui fit délaisser un peu la fumure organique ; mais on s'aperçut bientôt de l'erreur commise ; en effet, les engrais chimiques à eux seuls ne sauraient suffire, car il faut fournir à la terre des substances organiques capables de constituer l'humus, dont la présence est absolument indispensable dans la couche arable.

D'autre part, le fumier, en dehors de son action bienfaisante sur les propriétés physiques du sol apporte à la terre des éléments actifs, dont l'action exerce une influence heureuse sur le sol vivant.

M. Emile Saillard, dans une remarquable enquête sur la culture de la betterave à sucre, qu'il a fournie au Syndicat des Fabricants de Sucre de France, a montré toute l'importance qu'il fallait attacher à la fumure au fumier de ferme : « Le fumier de ferme est indispensable pour arriver à la production maximum de sucre par hectare, car il possède des qualités spéciales que n'ont pas les engrais chimiques. »

Ce témoignage d'un spécialiste autorisé, vient confirmer la nécessité où sont les agriculteurs d'apporter un soin extrême à la production du fumier ; dans nos terres, en effet, où l'on cultive en grande quantité les betteraves sucrières et où l'on pratique un assolement très épuisant, il faut donner de fortes fumures organiques et on ne doit considérer les engrais chimiques que comme des compléments au fumier de ferme ; produire dans l'exploitation, aux meilleures conditions possibles, tout le fumier dont les terres auront besoin, telle sera la première préoccupation de l'agriculteur ; aussi, pour cela, ne devra-t-il pas négliger les spéculations animales. Déjà, Louis XVI, parlant aux assemblées provinciales, en 1787, disait : « En comparant les différentes provinces du royaume, soit entre elles, soit avec les royaumes voisins où la culture est plus florissante, reconnaissons que si les récoltes sont médiocres, même dans les terrains fertiles, si les nouvelles plantes qu'on a  cherché à y introduire n'ont pas eu tout le succès dont on s'était flatté, il faut l'attribuer principalement au manque d'engrais, défaut d'engrais qui accuse l'insuffisance du nombre des bestiaux ». Cela est encore vrai à l'heure actuelle, et c'est dans les exploitations où l'on trouve les plus riches troupeaux que les terres sont le plus fertiles. De là toute l'importance que nous devons attacher à la spéculation des bovins et des ovins, qui sont considérés comme les principaux producteurs de fumier.

Voilà pourquoi, dans cette partie de notre thèse, nous allons traiter tout spécialement cette question, à cause du puissant intérêt qu'elle présente pour nous.

CHAPITRE II

LES BOVINS

Il fut un temps où la spéculation des bovins et de tous les animaux de rente en général, constituait un mal nécessaire dans l'exploitation agricole. Les animaux d'engraissement, aussi bien que les animaux d'élevage, étaient une source de pertes et d'ennuis, et cependant ils étaient nécessaires pour produire les énormes quantités d'engrais qu'exigeait la culture chez nous.

Toutefois, au moment où les engrais chimiques commencèrent à être employés en assez grande quantité dans l'agriculture, on constata une légère diminution dans l'exploitation des bovins, mais petit à petit, par suite de la consommation plus grande de la viande, des exigences alimentaires des cités urbaines et ouvrières, par suite de l'amélioration des races d'engraissement, la spéculation des bovins reprit une place prépondérante à la ferme, et fut regardée non plus comme un mal nécessaire, mais comme une exploitation fructueuse. Et dans notre région, éloignée de tout centre important, où les pâturages font défaut, les agriculteurs dont le domaine était de quelque importance, se livraient avec succès, avant-guerre, à l'engraissement des taureaux et des bœufs.

C'était là la principale spéculation.

Élevage ou engraissement ?

La guerre a tellement changé les conditions économiques, qu'il ne nous est plus possible de suivre
aveuglément le chemin tracé par nos prédécesseurs
et que l'étude des conditions économiques actuelles
s'impose, pour déterminer le mode d'exploitation,
élevage ou engraissement, qui soit le meilleur.
Il ne faut pas, en effet, s'engager tête baissée
dans une entreprise, sans avoir mûrement pesé
les raisons qui poussent dans telle ou telle
voie, car alors, si on méconnaît les principes
essentiels d'économie, on se lance dans des tenta-
tives irraisonnées qui, souvent, ne donnent que des
déceptions à ceux qui les poursuivent.

Lorsque l'on n'a en vue que la production du
lait, il est deux points qu'il faut examiner : c'est
d'abord la certitude d'un débouché et ensuite
l'assurance d'une nourriture qui soit propice à la
sécrétion du lait, en même temps qu'économique.

1° UN DÉBOUCHÉ IMPORTANT

Il nous faut avouer que la région, exclusivement
agricole, ne possède aucun débouché important
pour le lait. La petite ville de Bapaume produit
assez pour satisfaire à la consommation de ses
habitants et elle n'offre qu'un maigre débouché à
la production du beurre ; toutefois, c'est là que le
petit cultivateur va porter son beurre tous les ven-
dredis, mais il n'en retire souvent qu'un prix peu
rémunérateur. Quant aux villes d'Arras et de

Cambrai qui sont, après Bapaume, les deux centres les plus voisins, leur banlieue suffit à leur consommation. Cependant, certains producteurs qui ne trouvent pas à Bapaume un débouché suffisant, écoulent leurs produits tous les mercredis et samedis sur le marché d'Arras ; nous ne savons pas, si le profit qu'ils en retirent, compense les frais occasionnés par le déplacement.

Nous ne pouvons pas non plus songer aux centres industriels et miniers du Nord, parce qu'aucune organisation n'assure le transport du lait, et ensuite parce que nous nous trouvons trop loin de ces régions, pour concurrencer les agriculteurs les plus voisins qui écoulent leurs produits facilement et avantageusement.

Il faut noter qu'une voiture de la société « Les Fermiers réunis » passe tous les matins dans le village pour prendre le lait et l'expédier sur Paris. Mais le prix qui est offert, beaucoup moindre que dans la région parisienne, n'est pas avantageux. Le litre, en effet, est acheté 0 fr. 75 en hiver et tombe, en été, à 0 fr. 50.

2° NOURRITURE ÉCONOMIQUE

La nourriture qui nous semble la meilleure et la plus économique pour la production du lait est l'herbe, surtout l'herbe grasse et savoureuse des pâturages humides. Or, dans notre région, comme nous l'avons indiqué plus haut, il y a peu de prairies, à cause de la perméabilité du sol qui dessèche l'herbe en été, et aussi parce que les cultivateurs, à cause de la fertilité extrême de la

terre, préfèrent la cultiver et lui faire rendre au
maximum, plutôt que de l'enherber ; à cause de
cela, nous sommes obligés de garder nos bêtes une
grande partie de l'année dans les étables, et les
cultivateurs estiment que le litre de lait leur revien-
drait trop cher, s'il fallait le faire produire exclusivement avec des pulpes, des fourrages et des
tourteaux. Aussi cette deuxième raison vient-elle
renforcer la première qui, à elle seule, constituait
un obstacle suffisant à la production du lait.

Cette première solution écartée, nous devons en
venir à la deuxième, qui est la production de la
viande. *A priori*, il semble que si nous n'avons pas
de débouchés pour le lait, nous n'en aurons pas
non plus pour la viande et que si le litre de lait
nous revient cher à cause du manque de pâturages,
le kilogramme de viande reviendra également cher
pour la même raison.

Un examen approfondi modifie cette impression.

1° La question du débouché, tout aussi importante pour la viande que pour le lait, ne se présente
pas sous le même jour. La viande, en effet, constitue un élément d'un écoulement bien plus facile
que le lait ; en effet, il faut noter que nos régions
du Nord consomment beaucoup plus de viande,
toutes proportions gardées, que de lait, et les populations industrielles et minières assez voisines
constituent un tonneau des Danaïdes, débouché
merveilleux, toujours affamé ; nous nous trouvons,
en effet, leurs plus proches approvisionneurs, car
dans les Flandres, le Boulonnais et le Cambraisis,
on se livre surtout à l'élevage.

De ce côté, la certitude de débouchés sérieux nous est acquise.

2° Une question qui présente une importance capitale dans la production de la viande, c'est la question de l'alimentation.

Or, chez nous, la nourriture est loin de faire défaut ; la grande quantité de paille produite, la facilité avec laquelle nous obtenons les pulpes de sucrerie, les cultures de légumineuses, les tourteaux, constituent la base de l'alimentation de notre bétail. Mais la question serait de savoir si le prix de revient du kilogramme de viande est **avantageux** ; c'est une étude ultérieure qui nous permettra de résoudre ce problème.

En tout cas, nous pouvons, dès maintenant, dire que la production de la viande nous paraît être plus avantageuse que la production du lait, et pour plusieurs raisons : tout d'abord, la facilité des débouchés et, ensuite, il faut bien **convenir** que le capital engagé est moins considérable et qu'il rapporte davantage par suite du renouvellement plus répété. D'un autre côté, l'engraissement diminue les risques auxquels l'agriculteur est exposé avec l'élevage. Ajoutons aussi que dans nos régions à cultures industrielles, c'est surtout l'hiver qu'il y a abondance de nourriture, d'où l'élevage se trouverait limité en été par l'insuffisance de l'alimentation ; l'engraissement ne souffre **pas** de cet état de choses, puisqu'il se pratique surtout l'hiver. Enfin, le régime de la stabulation, qui s'impose à notre bétail la majeure partie de l'année, convient très bien à l'engraissement, alors que l'élevage se trouve mieux du régime de pâture ou encore du régime mixte. Ce sont là les principales raisons qui nous font préférer l'engraissement ; c'est donc vers ce mode d'exploitation que devront converger tous nos efforts.

Toutefois, il ne faut pas être absolu et exclure totalement la production du lait de la ferme, et bien souvent, à côté des bovins d'engraissement, on remarque quelques vaches, flamandes le plus souvent, hollandaises quelquefois, dont le lait est consommé dans l'exploitation ; les veaux mâles sont vendus vers quinze jours et quelques génisses seulement sont élevées.

Dans notre ferme, il y a toujours six à huit vaches flamandes, qui se partagent, avec les chevaux, les quelques hectares de prairies.

Il arrive quelquefois, lorsqu'il se présente une occasion heureuse et qu'il reste quelques hectares de prairies à pâturer, qu'on achète un lot de génisses ; on les fait saillir et on les prépare pour la vente ; certains agriculteurs achètent même avec les génisses un taureau qu'ils mettent ensemble en pâture ; quand il n'y a plus d'herbe, on les rentre un mois ou deux à l'étable et on les vend lorsqu'elles sont prêtes. Cette forme de spéculation était peu usitée avant-guerre. On la pratique plus souvent depuis la guerre, parce qu'on a procédé à la création de nouvelles prairies et, comme il y a peu de vaches laitières, on finit l'herbe avec les génisses. Ce n'est là qu'une spéculation secondaire ; c'est surtout l'engraissement des bovins qui retiendra notre attention dans cette thèse.

Choix des animaux d'engraissement

Les bœufs forment l'un des meilleurs instruments de transformation des résidus industriels et des produits de l'exploitation agricole en viande ; leur conformation, les progrès qu'on leur a fait faire par une gymnastique fonctionnelle bien comprise, par des croisements judicieux, la castration enfin, en font des sujets d'élite pour l'engraissement.

Toutefois, au cours des petites enquêtes que nous avons dû faire auprès d'agriculteurs expérimentés de la région, il a fallu reconnaître que l'engraissement des taureaux était aussi avantageux et peut-être plus même que l'engraissement des bœufs.

Il semble que nous allions là contre l'avis des zootechniciens les plus expérimentés, qui considèrent la castration comme un élément presque indispensable de l'engraissement. Cependant, avant d'émettre cette affirmation qui peut paraître osée, nous avons cru bon de nous entourer de témoignages sérieux.

Les raisons de cette préférence sont que les taureaux s'engraissent plus rapidement que les bœufs ; dans notre exploitation, l'engraissement des taureaux se fait en trois mois, alors que celui des bœufs exige parfois quatre mois et plus. Outre cela, les taureaux sont moins délicats et, enfin, ils sont assez appréciés sur nos marchés du Nord, dans les centres industriels et miniers, où l'on tient plus à la quantité qu'à la qualité de la viande. Nous dirons même qu'en certains endroits la viande de taureau est plus goûtée que la viande de bœuf. Nous sommes heureux de pouvoir citer ici un passage du D' Pagès sur les bovins : « Le bœuf continue à fournir la viande de premier choix, mais il a dans le taureau un concurrent redoutable pour la fourniture de la grosse viande.....

« Tous ceux qui fréquentent la criée des viandes de Paris ont pu constater l'ascension rapide, en quantité et en qualité de la viande de taureau ; elle a parfois maintenant la couverture et le persillé de la viande de première qualité.....

« Et cette viande, en cuisant dans l'eau, ne diminue pas de volume, tandis que celle d'un bœuf gras fond plus ou moins. C'est pourquoi certains bouchers des quartiers ouvriers de Paris vendent plus facilement et à un prix plus élevé la viande de taureau de troisième qualité que celle du bœuf de deuxième. »

Enfin, une autre spéculation qui peut parfois être très intéressante, c'est l'engraissement des animaux de réforme. Certains agriculteurs se rendent sur les grands marchés et là ils peuvent obtenir à des prix intéressants des lots d'animaux de rebut, vaches réformées, génisses stériles ou mauvaises laitières, qu'ils engraissent et dont ils arrivent parfois à tirer bénéfice. Cette opération, bien qu'exceptionnelle, est souvent aléatoire. De même, il est très rare qu'on engraisse des bœufs de réforme, car dans la région on ne fait pas travailler les animaux avant de les livrer à l'engraissement.

En somme, il n'y a que les jeunes bœufs et les jeunes taureaux qui peuplent nos étables. Toutefois, il ne faut pas prendre des animaux **trop** jeunes. En effet, les aliments forment la **graisse** avec l'excédent des sucs nourriciers qui **servent à** **augmenter** la masse du corps ou à réparer les pertes. Aussi, un animal dont le développement n'est pas complet ne prend pas à l'engrais de la viande et de la graisse en proportion de l'augmentation de son corps : c'est tout simplement parce que chez lui la nutrition se porte sur les os, les ligaments, les membranes et autres parties du corps sans valeur pour la boucherie ; c'est pourquoi l'engraissement est beaucoup plus long et plus difficile pour des animaux trop jeunes.

Au contraire, quand les animaux sont avancés en âge, ils ont des muscles tenaces, durs, secs. s'opposant à l'interposition de la graisse ; ils présentent encore un autre désavantage : c'est que l'activité fonctionnelle, qui diminue avec l'âge, ne permet plus une facile digestion. L'assimilation n'est pas complète et la nourriture, si bonne soit-elle, ne produit pas tous les résultats que l'on pourrait en attendre. Cela est dû aux glandes salivaires et aux follicules gastriques qui ne secrètent plus les sucs nécessaires à la digestion d'une abondante nourriture.

Le mieux est donc d'opérer sur des **animaux** adultes, au moment où ils cessent de **croître** et où ils atteignent la pléniture de leur activité fonctionnelle ; c'est à cette période-là que l'animal s'engraisse plus rapidement et qu'il donne la meilleure **viande.**

Il est encore une raison qui pousse à engraisser les taureaux assez jeunes, c'est pour que leur activité sexuelle n'ait pas trop le temps de se développer et qu'elle soit en quelque sorte étouffée par l'apparition de la graisse. L'âge auquel les bœufs et les taureaux sont ordinairement achetés est de quatre ans.

Races

On est obligé d'avoir recours aux autres régions pour constituer les troupeaux d'engraissement; les bœufs et surtout les taureaux nous viennent principalement de Normandie ; on voit aussi assez fréquemment sur les fumières de beaux bœufs blancs de la race charolaise-nivernaise.

C'est la race normande qui fournit les meilleurs sujets d'engrais, les taureaux particulièrement, à cause de leur précocité, de leur aptitude à l'engraissement et aussi parce que la proximité de la Normandie nous offre des moyens d'approvisionnement assez faciles ; enfin, c'est peut-être là l'une des races qui s'acclimate le mieux dans notre région.

Achat des animaux

L'achat des animaux sur un marché n'est pas chose facile et il faut une grande habileté et une grande expérience pour s'y livrer.

Il est toujours mieux, lorsque le cultivateur le peut et qu'il a une connaissance suffisante du bétail, qu'il se rende lui-même sur les marchés, soit en Normandie, soit dans le Centre, pour acquérir les animaux qu'il livrera à l'engraissement. Mais très souvent l'agriculteur trouve plus simple d'avoir recours à un courtier sérieux, qui lui enverra aux moments voulus le nombre de bêtes nécessaires et qui se chargera de les reprendre aussitôt l'engraissement terminé. Cette deuxième manière de procéder, plus onéreuse que la première, à cause des commissions, a pour avantages d'assurer la tranquillité de l'agriculteur et de ne pas le déranger de ses occupations journalières.

Toutefois, l'engraisseur qui a un lot important de bêtes à acheter fait mieux de se rendre lui-même aux endroits d'approvisionnement, d'autant plus qu'il est assez difficile, à l'heure actuelle, de trouver des courtiers sérieux et honnêtes.

En ce moment, beaucoup de bêtes achetées au titre des prestations en nature nous viennent d'Allemagne ; l'agriculteur de nos régions sinistrées, las d'attendre des indemnités que le gouvernement ne se décide pas à payer, trouve, dans cet approvisionnement en Allemagne, une manière de faire rentrer ses dommages de guerre, à perte souvent de 25 à 30 %. Nous disons à perte car, outre les commissions à payer, le cultivateur, ne pouvant se rendre lui-même en Allemagne que difficilement, il faut encore compter que l'Allemand, qui a toujours l'aversion du Français, fait payer ses produits très cher. Par exemple, si un Français se présente sur un marché, à Cologne ou ailleurs, une nuée d'acheteurs allemands se précipitent

aussitôt pour faire monter le prix des bêtes, et le
Français devra, ou s'en aller, ou payer un prix
excessif ; aussi, on comprend qu'à ces conditions
les achats, en Allemagne, ne soient pas intéressants,
d'autant que les bêtes livrées n'ont qu'une valeur
très moyenne, et même on a remarqué qu'un grand
nombre de bovins étaient atteints de tuberculose.
Ce mode d'achat, exceptionnel, n'est donc qu'un
pis-aller que nous avons cru bon de signaler en
passant.

Mode et époque de l'engraissement

Dans notre région où il n'y a presque pas de
prairies, c'est évidemment l'engraissement à
l'étable qui s'impose ; ou bien, encore, une pratique
très courante dans nos régions du Nord et qu'on
voit rarement ailleurs, c'est l'engraissement sur
la fumière, qu'elle soit ou non couverte ; nous
aurons l'occasion d'en parler plus loin.

Certains agriculteurs, dont l'exploitation se
trouve dans une vallée assez humide où l'herbe
pousse bien, gardent leurs bovins dans les prairies
jusqu'à une période assez avancée de l'automne ;
dans ce cas, pour protéger les animaux des intempéries, on construit de légers hangars, souvent en
tôles, sous lesquels on porte de la paille, afin que
les bœufs, la nuit ou par mauvais temps, soient à
l'abri et fassent du fumier ; même, dans ce cas,
exceptionnel d'ailleurs, l'engraissement n'est pas
si rapide qu'à l'étable ; ici, en effet, l'animal jouit

d'un repos absolu, il est à l'abri des intempéries, avec une excellente litière et une température douce, enfin, on lui donne une nourriture abondante et on peut mener l'engraissement d'une manière plus rationnelle.

La meilleure époque d'engraissement est l'hiver, au moment où il y a le plus de nourriture. En effet, à partir du mois d'octobre, on commence à utiliser des betteraves, des fanes de betteraves et c'est à cette époque que les troupeaux d'engraissement font leur apparition à la ferme, où ils resteront jusqu'en janvier, février, quelquefois plus tard, selon la rapidité de l'engraissement et parfois, surtout lorsqu'il s'agit de taureaux, on pourra engraisser dans la même saison, jusqu'en mars, avril et mai, deux ou trois lots de bêtes. Mais aussitôt que les chaleurs arrivent, le cultivateur s'empresse de se débarrasser de ses bovins, parce que le régime de la stabulation, ne leur convient plus et parce qu'il n'y a plus beaucoup de nourriture.

Un autre avantage de l'engraissement d'hiver, c'est que les animaux ne souffrent pas d'un excès de chaleur et qu'enfin la viande trouve souvent les meilleurs prix et débouchés au milieu et à la fin de l'hiver.

Bref, à tous points de vue, dans notre région, c'est l'engraissement d'hiver qui nous semble le plus avantageux avec le régime de la stabulation ou encore sur la fumière.

Etables

Dans le régime de pouture, la question de l'habitat a une très grande influence, car l'engraissement des bovins sera d'autant plus rapide qu'ils trouveront plus de bien-être. Beaucoup de progrès ont été réalisés dans l'aménagement des bâtiments.

L'agriculteur dont l'exploitation avait été anéantie par l'envahisseur a profité de cette circonstance pour reconstruire selon les procédés modernes et avec tous les perfectionnements possibles.

Nous allons donner ici la description d'un plan de vacherie, tel qu'il a été exécuté dans notre ferme.

La principale caractéristique de ce plan, c'est que la vacherie est aménagée à l'intérieur d'un vaste hangar métallique de 60 mètres de long sur 20 mètres de large.

Une aire traverse ce hangar en son milieu et suivant la longueur.

D'un côté de l'aire, sur une profondeur de 8 mètres, on entasse une partie des récoltes, de l'autre donnant sur la cour, se trouvent la vacherie principale, un magasin pour la préparation des aliments et une écurie, avec, au-dessus, des greniers aménagés pour les fourrages et les grains.

Les avantages de cette disposition sont tout d'abord une grande économie de matériaux et de frais pour la construction ; en effet, comme le montre le plan ci-contre, les étables n'exigent pas de toit spécial, le toit du hangar, entièrement en tôles galvanisées, recouvrant tout ; en outre, trois

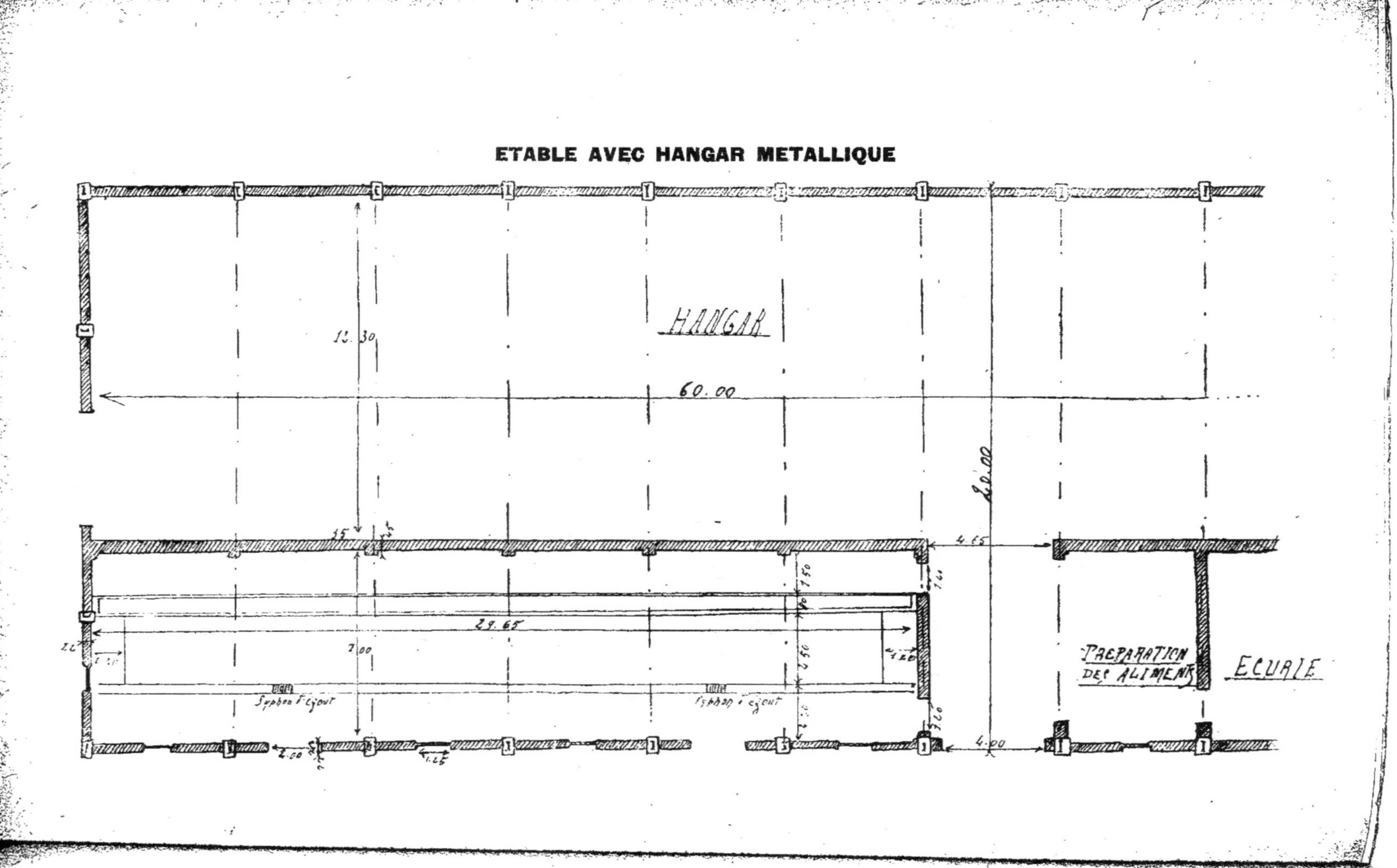

ETABLE AVEC HANGAR METALLIQUE

murs sont communs au hangar et aux étables : les deux murs de pignon et le mur de façade ; on voit donc que l'économie réalisée est appréciable, si l'on considère les frais qu'aurait exigés un bâtiment spécial.

Ensuite, comme autres avantages, il y a la commodité d'alimentation et l'économie de main-d'œuvre ; en effet, on a tout sous la main, pailles, fourrages, grains, etc., sans qu'il soit besoin de sortir.

Nous allons donner à présent un rapide aperçu de l'aménagement intérieur de la vacherie, car le plan est assez explicite par lui-même.

Ce bâtiment a 30 mètres de long sur 7 mètres de large et la hauteur atteint presque 3 mètres. Les animaux sont sur une seule rangée ; un couloir d'alimentation d'une largeur de 1^m50 court devant la mangeoire et permet une distribution rapide et facile des rations. La mangeoire, dont le côté, faisant face au couloir d'alimentation, est relevé pour empêcher les animaux de jeter la nourriture, est en béton armé, recouvert d'un enduit de ciment.

L'emplacement des bovins, pavé en briques, avec une légère pente vers la rigole au purin, a une longueur de 2^m50 et une largeur d'environ 1^m25 ; un anneau est fixé à la mangeoire devant chaque animal.

Enfin, le couloir de service a une largeur de 2^m20 environ. Dans ce couloir, on n'a pas aménagé de voie ferrée réduite pour le transport des litières, parce que la vacherie se trouvant en

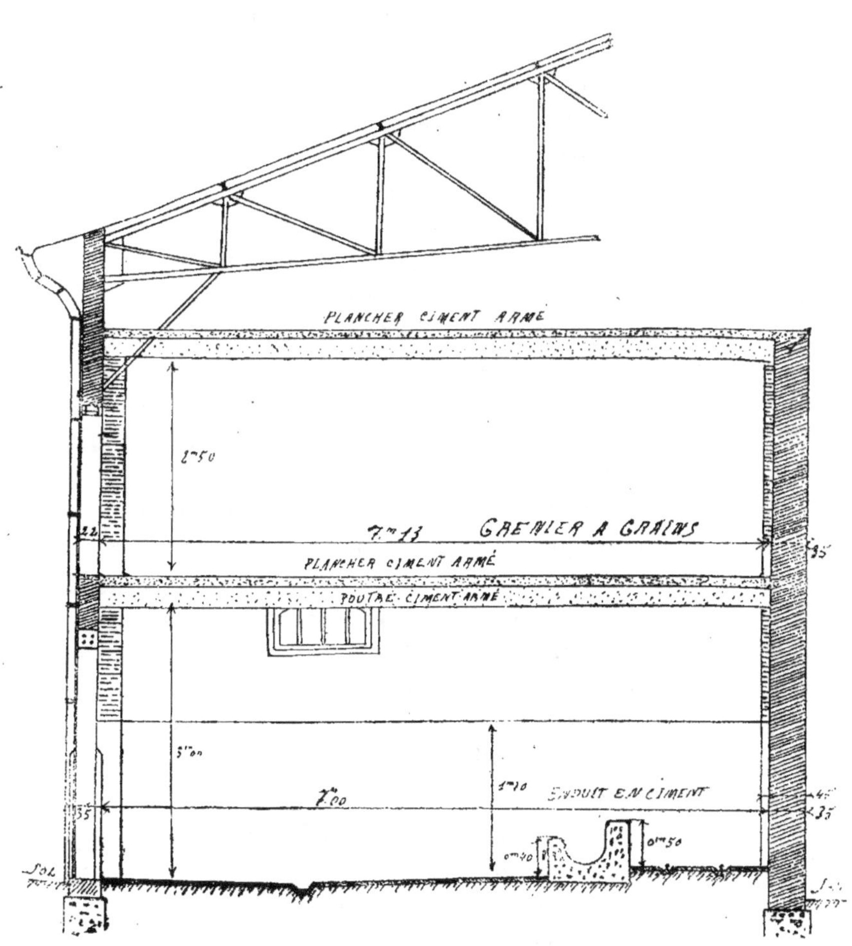

COUPE SUR LA VACHERIE

face de la fumière, à 4 ou 5 mètres seulement, n'exige pas trop d'efforts pour le transport des litières, et on se contente du croc ou de la brouette.

Des fenêtres sont aménagées à environ 2^m20 de hauteur pour permettre l'aération et l'accès d'une lumière tamisée.

Le plancher qui recouvre l'étable est en ciment armé et peut supporter une charge assez lourde. On reproche habituellement au ciment armé de condenser les vapeurs de l'étable ; nous n'avons pas remarqué cet inconvénient ici.

Il est à noter que les murs extérieurs sont construits avec de la brique de Campine (brique plus petite et plus dure), alors que les murs intérieurs sont construits avec de la brique ordinaire.

Enfin, deux portes doubles (2 mètres de large) à glissières, permettent un accès facile dans l'étable.

Le purin est conduit, par des rigoles, dans une citerne spéciale.

Cette vacherie donne toute satisfaction, aussi bien pour l'alimentation et la facilité du service que pour les bonnes conditions dans lesquelles se trouve le bétail à engraisser.

La construction d'une autre vacherie, un peu plus petite, est en projet.

Il convient aussi de parler de l'aménagement des fumières, puisque souvent, dans notre région, on y met les bêtes à l'engrais.

Comme nous aurons l'occasion, plus loin, d'étudier cette question en détail, contentons-nous de dire que cette méthode a pour avantages d'améliorer la fabrication du fumier, en même temps que d'économiser la construction d'étables ; il serait, en effet, onéreux d'avoir assez d'étables pour abriter tout le bétail qu'on peut posséder à certaines époques seulement de l'année.

Il est certaines conditions à observer dans l'aménagement d'une fumière pour que les bovins ne souffrent pas dans l'engraissement : installation de mangeoires le long de la fumière, pour permettre une alimentation facile, et pour mettre les bovins à l'abri des intempéries ; on place, autant que possible, la fumière à proximité de bâtiments élevés qui protègent des vents et de la pluie, ou, mieux, on couvre la fumière en tout ou en partie.

Dans notre ferme, la fumière n'est pas couverte, elle est simplement entourée par un petit mur et des barres transversales. Mais elle est à l'abri d'un hangar assez élevé qui la protège des vents de l'ouest.

Une deuxième fumière couverte sera probablement construite cette année.

Alimentation

Nous abordons ici la partie essentielle dans l'engraissement. On dit toujours que pour avoir de bons animaux, il faut bien nourrir : « Ménager la nourriture, c'est gaspiller. »

Mais il ne suffit pas de bien nourrir, il faut encore le faire avec économie et s'arranger de manière que l'effet utile se fasse sentir pour tout ce qui a été consommé. C'est là la partie difficile de l'engraissement, pour l'exécution de laquelle, on doit connaître la nature et la qualité des aliments que l'on emploie.

Nous allons examiner les aliments dont nous disposons dans notre exploitation :

1° LES PULPES

Nous n'employons que les pulpes de sucrerie, puisque nos betteraves sont livrées aux fabriques de Bihucourt et d'Escaudœuvres.

On obtient environ, en pulpes, 50 % du poids des betteraves ; or, comme dans notre ferme il y a environ 30 hectares de betteraves sucrières avec un rendement moyen de 35 tonnes, on reçoit chaque année de 450 à 500 tonnes de pulpes. Ces pulpes revenaient à 18 francs rendues d'un côté comme de l'autre, mais cette année même, elles ont subi une augmentation et reviennent à 22 francs. Il faut bien admettre que ce prix est un peu exagéré, d'autant que ces pulpes, non pressées, nous arrivent souvent gorgées d'eau.

Le seul mode de conservation employé dans notre région est l'ensilage simple. On aménage des fosses peu profondes, de forme rectangulaire, le long des champs en bordure des routes, pas trop loin de la ferme. On dépose les pulpes dans ces fosses, souvent après avoir recouvert la terre d'une couche de paille ou de menue paille. On tasse assez fort et à plusieurs reprises le tas de pulpes qui sort faiblement de terre, en forme de toit, de façon à permettre l'écoulement de l'eau.

Si ce procédé a l'avantage d'être simple, par contre il présente de grands inconvénients ; la pulpe s'altère facilement et est souvent noyée par les grandes pluies qui surviennent en hiver, aussi perd-elle rapidement une partie de ses qualités ; il est vrai que la croûte compacte qui se forme à la surface du tas protège assez bien les pulpes qui se trouvent au-dessous. Il faut veiller, surtout au début, quand la pulpe n'est pas bien tassée, à ce qu'il ne se produise pas de fente dans la couverture ; sans cette précaution, l'accès de l'eau entraverait la fermentation de la masse ensilée, favoriserait la multiplication des moisissures et causerait des dommages sérieux.

Enfin, il faut considérer que par l'ensilage les pulpes ont une certaine déperdition que l'on évalue à 15 ou 20 % après un mois, 28 à 35 % après trois mois et 35 à 40 % après quatre mois. Ces chiffres sont peut-être un peu exagérés, mais ils donnent une idée générale des pertes que peuvent subir les pulpes à l'ensilage.

Certains agriculteurs font construire des fosses spéciales, maçonnées, quelquefois cimentées, assez souvent recouvertes par un abri léger, ou bien encore on aménage des sortes de caves, peu profondes, à l'intérieur des fermes dans lesquelles on entasse pulpes et betteraves. Ces derniers procédés sont plus onéreux que celui décrit plus haut, mais outre qu'ils ont l'avantage très grand de conserver mieux les aliments, ils peuvent s'effectuer à l'intérieur des fermes, à proximité des étables et exigent par conséquent moins de main-d'œuvre pour les manipulations et les transports.

J. P.

2° BETTERAVES

On donne relativement peu de racines aux animaux, puisqu'on met presque exclusivement des betteraves sucrières. Toutefois, on consacre environ 80 ares en betteraves demi-sucrières. On préfère, actuellement, ces dernières aux fourragères, bien que donnant des rendements moins élevés en poids ; c'est que la demi-sucrière a une valeur nutritive bien plus élevée ; elle exige aussi moins de main-d'œuvre parce qu'en moins grande quantité, et enfin elle occasionne moins d'accidents que la fourragère, trop gorgée d'eau.

La quantité de racines qui entre chaque année dans l'alimentation des animaux est de 45.000 kgs ; il est vrai qu'une partie de cette nourriture entre dans l'alimentation des chevaux, aussi peut-on compter environ 35.000 kgs pour les bovins.

Les racines ne sont données aux animaux d'engrais qu'après avoir passé par le coupe-racines, en mélange avec d'autres aliments tels que la menue-paille et les pulpes, en quantités assez faibles et seulement pendant les premiers mois de l'engraissement ; de la sorte, on évite les accidents qui arrivent souvent après l'absorption trop rapide des racines, l'obstruction œsophagienne, par exemple.

Etant donnée la faible quantité de racines utilisées, on les rentre dans une cave spéciale à la ferme, où elles se conservent très bien.

3° FANES DE BETTERAVES

Au moment de l'arrachage des betteraves, on peut aussi se procurer une excellente nourriture en donnant aux animaux les fanes et les collets de betteraves qui restent dans les champs.

Cet aliment a une très grande valeur nutritive. En effet, voici sa composition :

	MAT. SÈCHE	PROTÉINE	MAT. GRASSE	V. A.
Feuilles et collets de betteraves à sucre	16,2	1,7	0,2	7,2

L'emploi des fanes de betteraves dans l'alimentation des bovins n'est pas toujours une opération avantageuse, car on exporte des champs des éléments fertilisants qu'il faudra rendre plus tard sous une autre forme ; toutefois, la pénurie d'aliments au début de l'automne oblige souvent l'agriculteur à les utiliser.

Il y a plusieurs manières de faire manger les fanes de betteraves ; on peut mener directement les animaux dans les champs pour les pâturer ou bien encore on peut ramener les fanes à la ferme et les donner aux bovins à l'étable.

En pratique, c'est souvent ce dernier mode qu'on adopte ; il n'est cependant pas, à notre avis, le plus avantageux : en effet, il y a des frais de main-d'œuvre assez élevés, si l'on compte les charrois qu'il faut effectuer pour amener les fanes à la ferme où, souvent même, elles ne sont pas consommées complètement, les bovins se contentant de manger les collets et abandonnant les parties foliacées ; il est vrai qu'elles ne sont pas perdues puisqu'elles retombent dans les litières et feront un bon fumier, mais alors à quoi bon ramener ces aliments à la ferme pour les porter de nouveau dans les champs.

Il serait bien plus simple de mener les bovins directement dans les champs avec un homme et un ou deux aides pour les soigner ; il y aurait alors moins de frais, d'autant plus que cette opération ne s'effectue ordinairement qu'une demi-journée par jour. En outre, il se trouverait moins d'éléments fertilisants exportés des champs, les bovins délaissant les parties foliacées et restituant sur place une partie des aliments absorbés. Enfin, ils épandent régulièrement les fanes de betteraves sur le sol et facilitent ainsi les façons culturales ultérieures.

Ce dernier procédé a aussi l'avantage de donner un peu d'exercice aux bêtes et par là d'exciter leur appétit, à condition toutefois que cet exercice ne soit pas trop violent et n'aille pas jusqu'à la fatigue, ce qui nuirait alors à la bonne marche de l'engraissement.

Au début de la saison, lorsqu'on commence à donner les fanes de betteraves, il faut bien surveiller le bétail, car à ce moment-là il se produit beaucoup d'obstructions œsophagiennes. On évite de laisser trop manger les bovins et on s'arrange pour ne leur donner que des fanes desséchées et des collets assez petits.

Cet aliment ne peut être utilisé que du commencement d'octobre à la mi-novembre environ. Cependant, certains agriculteurs, qui craignent de ne pas avoir assez de nourriture durant l'hiver, ensilent les feuilles et les collets de betteraves avec les pulpes ; l'aliment se conserve très bien ainsi et acquiert une plus grande valeur alimentaire.

4° FOURRAGES

Nous avons indiqué plus haut la surface cultivée en fourrages : 10 hectares environ de trèfle et de luzerne.

Ces aliments sont rarement donnés à l'état vert, à moins qu'on n'ait pas assez de nourriture pour finir l'engraissement des derniers bovins qui pourraient encore se trouver à la ferme au printemps, ou bien encore il peut se faire qu'on donne des fourrages verts aux quelques vaches ou génisses qu'on peut avoir durant l'été pour remédier à la pénurie de prairies.

Certains petits agriculteurs vont jusqu'à mettre leurs bêtes au « piquet » dans les prairies artificielles ; cette pratique consiste à attacher l'animal, vache ou génisse, par une chaîne de quelques mètres de longueur, à un piquet fiché en terre ; les avantages que l'on trouve à ce procédé sont d'abord que la prairie est mangée régulièrement, ensuite, on peut supprimer les clôtures et, enfin, on limite la ration de la bête, de façon à ce qu'elle ne mange pas trop et on évite ainsi facilement la météorisation.

Dans les prairies artificielles, on ne fait ordinairement que deux coupes, rarement trois ; souvent, on abandonne les regains ou bien on les enfouit ; il n'est pas très pratique de les faire pâturer par les bovins, c'est un procédé que seuls les petits cultivateurs emploient ; il serait plus intéressant de les faire pâturer par un troupeau de moutons, mais dans notre ferme il n'en existe pas.

La quantité de fourrages produite annuellement est de 80.000 kgs, mais les chevaux seuls consomment plus de 50.000 kgs, aussi les bovins en ont-ils relativement peu.

Il est à noter que souvent les foins de deuxième coupe ne sont pas de première qualité, tout d'abord parce qu'on les fauche trop tard, et ensuite parce qu'ils sont fréquemment atteints par la pluie, aussi fait-on passer ce fourrage principalement au début de l'engraissement.

5° PAILLES

Nous avons tout intérêt à consommer le plus de pailles possible à la ferme, car d'abord la vente n'en est pas avantageuse et ensuite nous n'avons pas intérêt à exporter de l'exploitation des éléments qu'il nous faudra restituer à la terre sous forme d'engrais qu'on paiera très cher, aussi cherche-t-on à restituer toutes les pailles à la ferme et à en faire consommer aux bovins le plus possible. La paille n'est peut-être pas une substance très nutritive, mais c'est dans l'estomac des ruminants qu'elle trouve sa plus complète utilisation ; on donne indifféremment la paille de blé ou la paille d'avoine.

6° TOURTEAUX

Ils sont nécessaires pour favoriser la formation de la graisse dans le tissu adipeux; mais leur action sur la santé des animaux est parfois peu avantageuse. Quelquefois ils sont, en effet, assez difficiles à digérer et peuvent communiquer à la chair une saveur désagréable. Aussi ne les emploie-t-on jamais en très grande quantité, d'autant plus que les prix en sont actuellement très élevés.

Dans notre ferme, on n'utilise que les tourteaux de lin, du moins jusqu'à présent, car ces tourteaux, qu'on achève de consommer, proviennent d'un marché important fait à des conditions de vente avantageuses, mais quand le stock sera épuisé, peut-être vaudrait-il mieux employer les tourteaux d'arachide qui se vendent moins cher et ont une valeur alimentaire plus élevée.

Voilà les principaux aliments que nous aurons à employer dans la composition des rations. Nous allons maintenant déterminer la qualité et la quantité des rations à employer, suivant les périodes de l'engraissement.

FIXATION DE LA RATION

La **ration** ne doit avoir pour limite que l'appétit de l'animal. En effet, puisqu'on demande à la production beaucoup de graisse et de viande, on ne peut atteindre ce but en économisant la nourriture : plus les animaux prendront de nourriture, plus ils gagneront en poids et plus l'engraissement fournira de bénéfice, aussi, dans le but d'augmenter l'absorption des aliments chez les bovins à l'engrais, on aura recours à certaines préparations, telles que le hachage, le concassage, la macération, etc., qui faciliteront et renforceront la digestion et l'assimilation. De la sorte, on accroît beaucoup la qualité des aliments et on prévient ainsi une partie des efforts que la bête suralimentée sera obligée de faire pour absorber sa ration.

Théoriquement, on compte trois périodes dans l'engraissement et on détermine une ration pour chaque période ; mais pratiquement, on agit progressivement, augmentant petit à petit selon l'état de l'animal la proportion d'aliments concentrés et diminuant la quantité des aliments plus grossiers tels que pulpes et fourrages, aussi est-il difficile de déterminer exactement une ration qui réponde à la pratique.

Nous allons cependant essayer d'établir trois rations approximatives en nous inspirant des rations que l'on donne habituellement à nos animaux à l'engrais.

Prenons un bœuf dont le poids soit d'environ 500 kgs et donnons la quantité des aliments avec leur composition :

Première période (30 à 40 jours)

		MAT. SÈCHE	PROTÉINE	VAL. AMIDON
Pulpes de sucrerie	30	4.640	200	2.600
Racines	3-4	360	24	189
Fourrage	5	4.175	425	1.550
Menue paille (blé)	5	4.200	70	1.215
Paille à discrétion.				
Total........		13.375	719	5.554

Deuxième période (40 jours)

		MAT. SÈCHE	PROTÉINE	VAL. AMIDON
Pulpes	35	4.060	175	2.275
Fourrage	5	4.175	425	1.550
Menue paille.....	5	4.200	70	1.215
Tourteaux de lin..	1,5	1.335	432	1.077
Paille.				
Total........		13.770	1.102	6.117

Troisième période (20 à 30 jours)

		MAT. SÈCHE	PROTÉINE	VAL. AMIDON
Pulpes	30	3.480	150	1.950
Fourrage	3	2.505	255	930
Menue paille.....	4	3.360	56	972
Tourteaux	3	2.670	864	2.154
Paille à discrétion.				
Total........		12.015	1.325	6.006

Si, à ces diverses rations, on ajoute la paille que l'on donne en assez grande quantité et quelquefois les aliments mélassés, on voit que les chiffres fournis se rapprochent assez des tables de rationnement établies par Kellner.

DISTRIBUTION DE LA NOURRITURE

La ration journalière est distribuée en trois fois.

Au repas du matin, qui a lieu vers 6 heures, on donne du fourrage et des pulpes mélangées avec la menue-paille.

Au deuxième repas, à 10 h. 30, ou 11 heures, on donne encore des pulpes et un peu de tourteaux.

Enfin, à 4 heures du soir, on donne du fourrage, un peu de pulpes toujours mélangées avec de la menue-paille ou de la paille hâchée et le reste de la ration de tourteaux.

La préparation des aliments se fait à côté de l'étable, entre la vacherie et l'écurie. On peut accéder directement du dehors, dans le magasin de préparation, avec les voitures de pulpes ou de racines.

Enfin, le transport des rations est effectué facilement par un wagonnet qui court dans le couloir d'alimentation devant les mangeoires : de la sorte, la distribution est rapide et les animaux ne sont pas dérangés. Pour la distribution de la nourriture aux animaux qui se trouvent sur les fumières, on a recours aux brouettes.

Les tourteaux sont brisés avant d'être donnés et quelquefois, surtout quand on augmente la quantité en fin d'engraissement, on les fait macérer, afin qu'ils profitent mieux aux animaux.

LA BOISSON

Enfin, il est une chose très importante dans l'alimentation du bétail à l'engrais, la boisson.

Lorsque l'on donne beaucoup de pulpes aux bovins, il n'est presque pas besoin de leur donner à boire, car cet aliment renferme une grande quantité d'eau ; c'est même la raison pour laquelle on ne doit pas donner trop de pulpes, parce que les sucs digestifs sont trop dilués par cette surabondance d'eau, les digestions ne se font qu'imparfaitement, et la sécrétion urinaire est excessive. ensuite la chaleur nécessaire pour porter l'eau à l'état de vapeur est fournie aux dépens de l'animal, qui profite ainsi beaucoup moins bien de sa nourriture et contracte facilement des indigestions et autres accidents.

Mais lorsqu'on diminue la ration de pulpes pour augmenter la quantité des aliments secs ou concentrés, il convient alors que l'animal ne manque pas d'eau ; mais encore faut-il employer certaines précautions et agir avec modération pour éviter les accidents et les pertes de temps dans l'engraissement. Il faut que l'eau soit saine et qu'elle ne soit pas à une température trop basse.

Dans certaines fermes, on aménage des bacs à l'intérieur des étables, de façon que l'eau se réchauffe à la température qui existe dans le local, et ainsi on évite les accidents qui arrivent assez fréquemment lorsque l'on emploie l'eau des mares, souvent trop froide et malsaine.

Vente des animaux

Le plus souvent, l'agriculteur n'a pas intérêt à pousser trop loin l'engraissement, car alors l'animal ne produit plus en proportion de ce qu'il mange et fréquemment, sur nos marchés du Nord, le consommateur n'apprécie pas le fin gras, aussi faut-il surveiller attentivement la fin de l'engraissement pour se débarrasser de l'animal au bon moment, c'est-à-dire lorsque l'augmentation en poids diminue et qu'elle ne répond plus à la valeur de la ration.

Ordinairement, on finit d'engraisser les bœufs au bout de 120 à 140 jours, alors que les taureaux n'exigent que 90 à 110 jours au maximum, soit un mois en moins. Il est vrai que la ration de ces derniers peut être poussée un peu plus, néanmoins il y a là un avantage appréciable et si on commence l'engraissement assez tôt, on peut parfois engraisser deux lots, et même trois, de taureaux ; une autre raison, dont nous n'avons pas encore parlé, mais qui incite beaucoup les agriculteurs à préférer l'engraissement des taureaux, c'est qu'à égalité de poids, le taureau est moins cher à l'achat que le bœuf et, à la vente, le kilogramme de viande atteint presque la même valeur que pour le bœuf ; cependant, généralement, on compte 0 fr. 50 d'écart en faveur de la viande de bœuf. Ce sont ces raisons associées à celles que nous avons énumérées plus haut qui font que le taureau prend de plus en plus la place du bœuf chez nous, d'autant que nous ne faisons pas travailler les animaux avant de les livrer à l'engraissement. On compte que la moyenne d'accroissement en poids pendant l'engraissement est de 150 à 180 kgs.

Nous allons essayer de déterminer les bénéfices qu'on peut faire dans l'engraissement du bœuf et du taureau ; pour calculer le prix de la nourriture, nous prendrons une ration moyenne.

COMPTE DE L'ENGRAISSEMENT DU BŒUF

Achat de l'animal (450 kgs)................... 2.000 »

Frais de nourriture :

Pulpes : 35 kgs $\times$ 0 fr. 02 (0 fr. 018 + charrois) 0 70

Menue-paille et paille: 15 kgs $\times$ 0 fr. 12   1 80

Fourrage 0 75

Tourteaux : 1 kg. 50 $\times$ 1 fr. 30........ 1 95

Total..................... 5 20

Pendant 120 jours : 120 $\times$ 5 fr. 20........... 624 »

Main-d'œuvre: un homme et un aide pendant 4 mois, pour 60 à 80 bêtes..... $\dfrac{900 \times 4}{60} =$ 60 »

Amortissement des bâtiments, du matériel, frais peu élevés à cause des fumières...... 20 »

Imprévus .... 50 »

Total............................. 2.754 »

Intérêts à 6 %............................. 165 24

2.919 24

Recettes :

Prix de vente : 600 kgs × 5 fr...............	3.000	»
Fumier produit : 7 tonnes × 25 fr..........	175	»
Total............................	3.175	»

Bénéfice net : 256 francs

COMPTE DE L'ENGRAISSEMENT DU TAUREAU

Achat de l'animal (450 kgs)................	1.850	»
Nourriture : 5 fr. 20° × 90 jours.............	468	»
Main-d'œuvre	60	»
Bâtiments	20	»
Imprévus	50	»
Total............................	2.448	»
Intérêt à 6 %	146	88
Total............................	2.594	88

Recettes :

Vente : 600 kgs × 4 fr. 60..................	2.760	»
Fumier : 6 tonnes × 25 fr.................	150	»
Total............................	2.910	»

Bénéfice net : 316 francs

Les chiffres que nous donnons ne peuvent être qu'approximatifs parce que les cours sont très variables et les prix d'achat suivent souvent la loi de l'offre et de la demande. Toutefois, ces comptes donnent une idée des bénéfices que l'on peut faire avec l'engraissement des bœufs ou des taureaux, du moins à l'heure actuelle.

Le bœuf de travail

Nous ne saurions terminer ce chapitre, sur l'engraissement, sans dire un mot du bœuf de travail. Dans beaucoup de régions où l'on pratique l'engraissement, on livre les bœufs au travail, soit pendant un an, soit pendant plusieurs années, et ensuite, quand l'animal est encore en pleine vigueur et qu'il a toute son activité fonctionnelle intacte, on l'engraisse ; l'animal ainsi livré au travail rend de très grands services, aussi bien « dans les contrées à culture industrielle avancée que dans les régions de montagne et les pays d'élevage, où la production chevaline est nulle ou bien impropre aux gros travaux ». (Dechambre.)

Cependant, dans notre région, il n'existe pas d'exploitation où l'on fasse travailler les bovins pour les engraisser ensuite, ou du moins elles sont très rares. Serait-ce là une faute de la part des agriculteurs, ou bien y a-t-il des raisons qui justifient la non utilisation du bœuf comme animal de traction.

Après nous être renseignés auprès de quelques agriculteurs, voici les principales raisons que nous avons pu recueillir : c'est que tout d'abord le genre de culture que nous pratiquons exige un travail fait rapidement ; le pays est peu accidenté et les labours à effectuer ne sont pas, en général, très profonds, aussi le bœuf, qui est employé surtout pour les travaux lourds, irait trop lentement pour exécuter des travaux que les chevaux peuvent faire aisément et avec plus de rapidité, d'autant plus que nous nous procurons facilement ces derniers, nous trouvant à côté de régions importantes d'élevage telles que la Belgique, les Ardennes et surtout le Boulonnais, qui nous fournit des sujets très vifs et très robustes.

Enfin, il existe chez nos paysans un certain esprit qui fait considérer avec dédain les bovins comme animaux de travail et il se trouverait probablement peu de charretiers qui voudraient abandonner leurs chevaux pour conduire des bœufs. Mais ce n'est là qu'une question de sentimentalité et nous ne devons nous placer qu'au point de vue économique. Or, il est évident que le prix de revient de la journée de travail du bœuf est moins élevé que le prix de revient de la journée de travail du cheval ; mais il est plusieurs choses à considérer : c'est que tout d'abord le cheval effectue plus de travail dans le même nombre d'heures que le bœuf et, ensuite, on remarque bien souvent que là où il faut trois chevaux pour effectuer un travail, par exemple pour moissonner, il faudra quatre bœufs, et encore ces derniers n'arriveront-ils à faucher que 2 ha. 50, alors que les premiers en faucheront 3.

Il est une dernière raison qui peut avoir quelque valeur contre l'emploi des bœufs comme animaux de traction : c'est que les terres sont assez divisées et réparties sur tout le terroir, quelquefois même loin de l'exploitation, à 2 ou 3 kilomètres, aussi les attelages perdent de ce fait assez de temps dans les déplacements ; les chevaux accélèrent l'allure quand ils sont sur les routes et qu'ils n'ont pas d'effort de traction à fournir, tandis que les bœufs, gardant leur allure uniforme et lente, feraient perdre un temps précieux.

Ce sont toutes ces raisons qui font que les bovins sont rejetés des exploitations comme animaux de travail ; on se contente d'engraisser directement les bœufs et les taureaux pendant la mauvaise saison, pour consommer les aliments qui se trouvent à la ferme, et surtout pour faire du fumier ; aussi nos exploitations, en été, semblent-elles vides et mornes, car une grande partie du bétail a quitté la ferme et l'agriculteur s'ennuie de ne plus pouvoir admirer sur les fumières la silhouette animée des taureaux et des bœufs.

CHAPITRE III

PRODUCTION DU FUMIER

Il y a, dans notre exploitation, 30 hectares de betteraves à fumer tous les ans, à la dose d'environ 35 à 40 tonnes de fumier, ce qui fait une quantité totale de 1.100 à 1.200 tonnes qu'il faudra s'efforcer de produire entièrement dans la ferme ; aussi, dans ce but, devra-t-on veiller tout particulièrement à la composition des litières et à la tenue des fumières.

1° Les litières

Une bonne litière doit avant tout fournir aux animaux un couchage moelleux, propre et sain. Le bien-être des animaux est augmenté par une litière élastique et molle ; sur des matières dures et ligneuses, l'animal repose moins bien.

La litière doit encore absorber les parties liquides des déjections et retenir les gaz qui se forment rapidement par fermentation. Une bonne litière, enfin, doit être riche en éléments fertilisants, se décomposer facilement et fournir une matière convenable pour la constitution de l'humus, c'est-à-dire apporter la vasculose. Ce sont uniquement les pailles de céréales qui sont employées chez nous comme litières ; elles répondent très bien aux conditions énumérées plus haut ; en effet, elles procurent aux animaux un bon couchage moelleux, élastique, et leur pouvoir absorbant est considérable, grâce à leur nature fistuleuse.

Nous avons de grandes quantités de pailles à la ferme ; il y a, en effet, environ 78 hectares de céréales, ce qui fait, en comptant un rendement moyen de 45 quintaux en paille à l'hectare, une production totale, par an, de 350.000 kgs et, comme le prix de vente en est peu élevé à cause de l'éloignement de tout débouché important, nous nous efforçons d'en faire entrer le plus possible dans les litières et l'alimentation des animaux ; aussi, bovins et chevaux ont-ils toujours sous eux une couche abondante de paille.

On la laisse imprégner par les déjections et les urines et, chaque jour, les litières sont enlevées et mises sur les fumières.

Les déjections liquides qui n'ont pas été absorbées sont recueillies par une canalisation spéciale qui les conduit dans une citerne étanche.

2° Les fumières

Les litières sont étendues régulièrement sur les fumières, de façon que la fabrication du fumier se fasse normalement.

Dans notre région, on ne connaît que les fosses à fumier, car la plate-forme, qui est évidemment très rationnelle, ne serait pas pratique chez nous, où nous avons l'habitude d'entourer les fumières et même de les couvrir pour y mettre des bovins, et améliorer ainsi la fabrication du fumier,

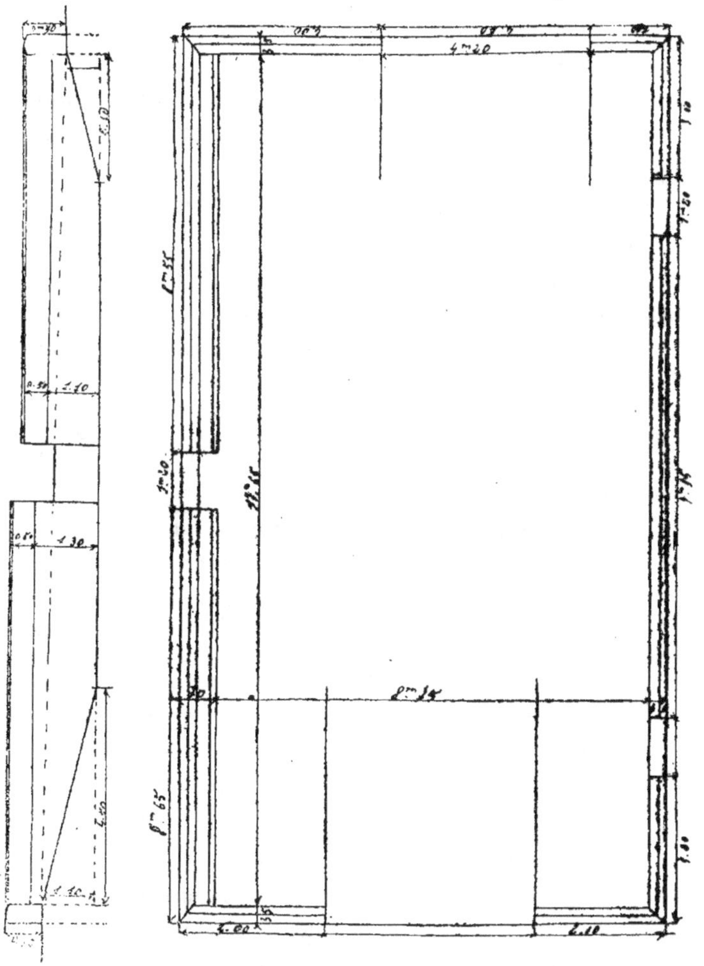

TROU A FUMIER (Coupe longitudinale)

Nous donnons ci-contre un plan de fosse à fumier tel qu'il est exécuté dans notre ferme, et qu'on rencontre ordinairement dans la région. Un mur cimenté entoure la fosse, quelques ouvertures étant ménagées pour le passage des animaux et des véhicules.

Ce mur, assez bas, est surmonté de piliers métalliques de 1^{m}50 reliés entre eux par des barres transversales ; ce procédé permet d'enfermer des animaux sur la fumière et, en même temps, il préserve de toute invasion des eaux venant de la cour. Deux petites pentes sont aménagées en forme de toit renversé, de façon à permettre aux chariots d'entrer et de sortir facilement après avoir été chargés sur le tas lui-même.

Le fond de la fumière est aménagé de telle sorte qu'il facilite l'écoulement des eaux vers la citerne à purin qui se trouve auprès.

Des mangeoires en ciment sont autour pour faciliter l'alimentation des bovins.

Ce système de fosse présente une grande économie de main-d'œuvre pour l'entrée et la sortie des fumiers, peu de pertes par l'évaporation, et de grands avantages pour le traitement et la conservation de ces précieux engrais.

Nous joignons à ce plan un deuxième croquis de fumière couverte qui est actuellement en projet.

Dans ce dernier plan, on remarquera la disposition de la citerne, qui recueille tout le purin de la fumière, ainsi que les auges mobiles aménagées latéralement et pouvant être montées ou descendues suivant la hauteur du tas de fumier.

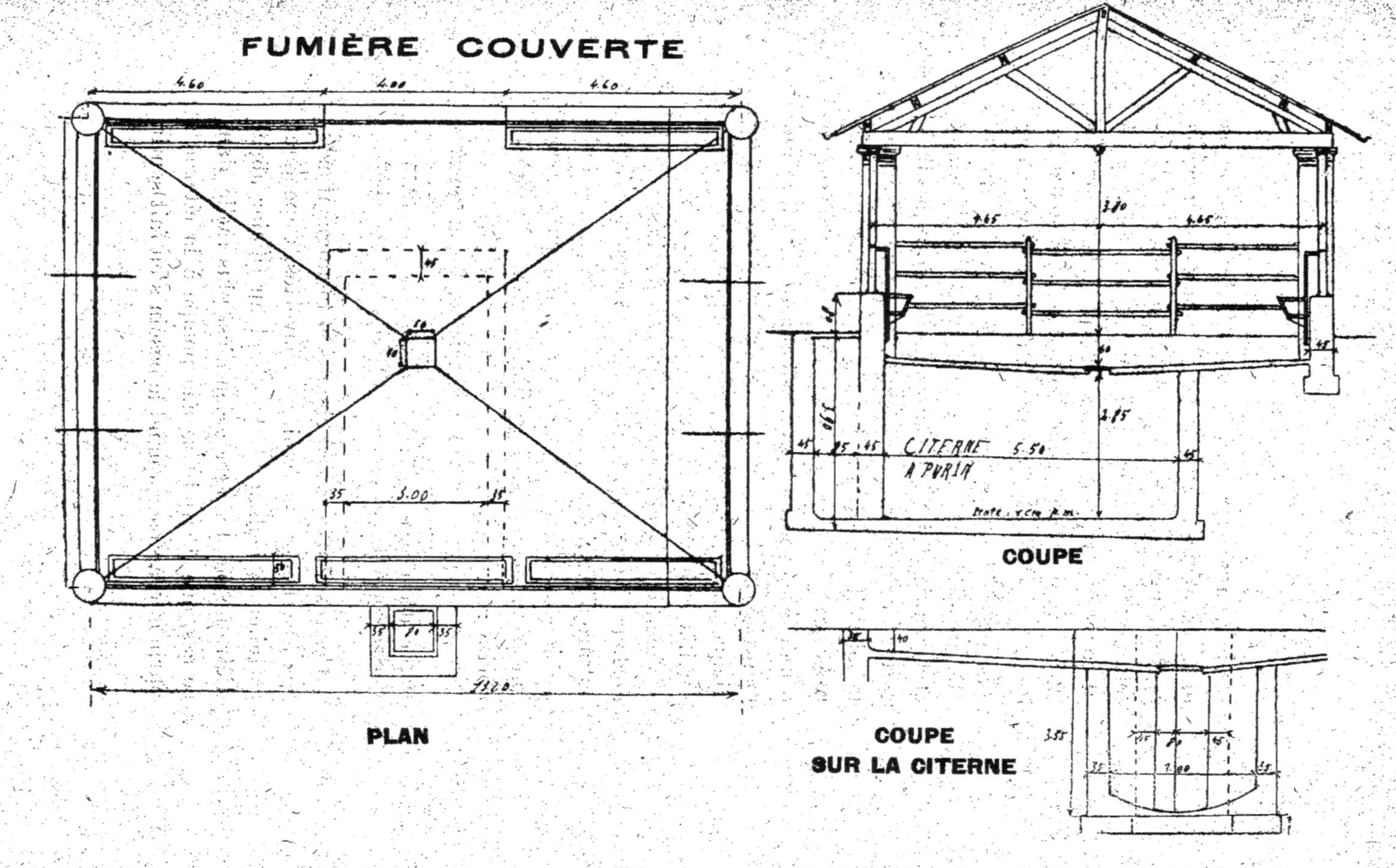

FUMIÈRE COUVERTE
PLAN
COUPE
COUPE SUR LA CITERNE
CITERNE 5.50 A PURIN

On trouve beaucoup de ces fumières couvertes dans la région, non seulement chez les grands agriculteurs, mais même chez les petits cultivateurs qui comprennent les bienfaits de ce procédé et construisent eux-mêmes, au besoin, une couverture avec des tôles et du bois. Il serait à souhaiter que cette pratique se répandît de plus en plus, car elle possède un double avantage : tout d'abord, elle constitue un véritable abri pour les bestiaux et à peu de frais, et ensuite elle améliore la fabrication du fumier en empêchant la dessiccation par le soleil et le lessivage par les pluies ; en outre, la présence d'une couverture favorise la création d'une atmosphère assez compacte de Co^2 qui empêche la dissociation du carbonate d'ammoniaque et, par conséquent, la disparition d'éléments fertilisants très précieux.

Voici les résultats qui ont été publiés par le docteur Walcker, chimiste de la Société d'agriculture d'Angleterre, d'après les expériences qu'il a faites dans une ferme de Waburn, sur du fumier gardé en plein air, à la pluie, et sur du fumier abrité :

	MATIÈRE AZOTÉE %	HUMIDITÉ %
Partie découverte.......	0,503	78,75
Partie couverte.........	0,913	71,52

Ces résultats sont concluants et témoignent assez des avantages des fumières couvertes. Cependant, certains agriculteurs reprochent au fumier abrité d'être un peu trop sec ; rien n'est plus facile, dans ce cas, que d'adjoindre une pompe à la citerne à purin et d'arroser, quand le besoin s'en fait sentir.

Pour que la fabrication du fumier se fasse régulièrement, on divise la fumière en deux parties ou
encore on a deux fumières différentes ; dans l'une,
se trouve le fumier en formation et dans l'autre le
fumier bien décomposé bon à employer ; si on ne
fait pas cela, on aura du fumier inégalement désa-
grégé ; on commencera par enlever la partie super-
ficielle, encore pailleuse, et on finira par la partie
la plus décomposée ; de là l'importance de procéder
par deux tas.

Enfin, il faut que nous disions un mot de la pratique qui consiste à mettre les animaux sur la
fumière. Ce procédé a un double avantage : tout
d'abord, comme nous l'avons dit plus haut, il y a
économie de bâtiments, et ensuite on obtient une
meilleure fabrication, car les animaux, en piétinant
sur le fumier, favorisent les fermentations anaé-
robies et atténuent les fermentations aérobies, en
même temps que par le tassement ils diminuent les
pertes d'éléments fertilisants.

Lorsqu'on met des bovins sur une fumière, on
étend chaque jour sur le fumier une couche assez
épaisse de paille fraîche.

Qualité et quantité
du fumier produit dans l'exploitation

1° QUALITÉ

La qualité du fumier dépend beaucoup de la
méthode de fabrication, comme nous venons de le
montrer plus haut, mais elle dépend aussi de la
nature des aliments ; ainsi, un bœuf nourri au

tourteau donnera un fumier évidemment beaucoup plus riche qu'un bœuf nourri exclusivement à la pulpe et au fourrage. En général, « les bêtes à l'engrais qui sont au repos et nourries copieusement, fournissent des déjections abondantes et riches », aussi, chez nous, comme ce sont les bovins à l'engrais qui fournissent la majeure partie du fumier, nous avons un engrais organique assez riche.

Wolf trouva dans les déjections de bœufs à l'engrais :

$$
\begin{array}{ll}
\text{Az.} & 9,8 \\
P^2O^5 & 4,4 \\
K^2O & 6,5
\end{array}
$$

Le même, donnant la composition du fumier de bovins, trouve :

$$
\begin{array}{ll}
\text{Eau} & 77,5 \\
\text{Matière sèche} & 22,5 \\
\text{Az.} & 0,34 \\
K^2O & 0,40 \\
P^2O^5 & 0,16
\end{array}
$$

Mais le fumier produit par les bovins est assez aqueux et fermente lentement, aussi, pour avoir un engrais organique de composition homogène et de bonne qualité, est-il bon, comme cela se pratique chez nous, de le mélanger avec le fumier des autres animaux de la ferme, celui des chevaux, par exemple, qui ne contient presque pas d'eau et fermente très rapidement.

2° QUANTITÉ

On peut calculer approximativement la quantité de fumier produite par les bovins, pendant une année, par la méthode de Garola :

$$P = 3\left(\frac{F}{2} + L\right)$$

F exprimant la quantité de matière sèche des fourrages contenus dans la ration, et L, la quantité de matière sèche des litières.

En prenant comme type une ration moyenne, on obtient :

$$P = 3\left(\frac{13,770}{2} + 8,57\right) = 46 \text{ kgs } 365.$$

En multipliant cette quantité par les 120 jours que peut durer l'engraissement, on a 5.563 kgs 80 de fumier produit par chaque bovin, ce qui fait une quantité totale de 500 tonnes par an, en admettant qu'il passe environ, chaque année, 80 à 90 bovins dans l'exploitation pour être engraissés ; à cela, il faut encore ajouter le fumier que peuvent produire les quelques vaches et génisses qui restent là toute l'année et dont la quantité peut s'élever à 100 tonnes environ.

Enfin, le fumier de cheval, dont la production annuelle peut être de 150 tonnes (11 tonnes $\times$ 14 chevaux).

Toutes ces quantités de fumier réunies ne nous donnent qu'une production annuelle de 750 tonnes, soit de quoi fumer seulement 20 hectares de betteraves ; il est vrai de dire que les chiffres que nous avons donnés sont un peu théoriques et restent plutôt au-dessous de la vérité ; néanmoins, la quantité de fumier produite par les animaux est loin d'être suffisante et, pour combler ce déficit, on est obligé de recourir à plusieurs expédients.

La paille produite en abondance dans l'exploitation, ne peut être utilisée entièrement par le bétail et, comme d'autre part, le prix de vente en est trop peu élevé, on essaie tout de même de s'en servir pour fumer les terres et, pour cela, ou bien l'agriculteur en met de grandes quantités sur les fumières qui sont piétinées par les animaux et mouillés par le purin, ou bien encore on bat la récolte sur place et on laisse la paille sans être liée ; puis, après avoir passé avec la déchaumeuse, on étend cette paille et on l'enfouit par un bon labour d'hiver. Cela s'est fait dans notre ferme, l'an dernier pour la paille d'escourgeon, qui présente quelques inconvénients pour son utilisation par les animaux, à cause des barbes. Ce procédé s'emploie surtout dans les sols qui manquent de calcaire, car alors la présence de cette paille allège un peu la terre ; d'autre part, il y a économie appréciable dans les frais de charrois et de main-d'œuvre. Toutefois, il ne faudrait pas abuser de ce procédé et nous croyons qu'il serait préférable d'avoir un peu plus d'animaux dans la ferme, afin de leur faire utiliser toute la paille ; peut-être que l'exploitation des ovins serait une bonne solution et apporterait un supplément d'engrais très appréciable ; c'est ce que nous allons essayer d'étudier dans le prochain chapitre.

CHAPITRE IV

LES OVINS

———

Autrefois, dans notre région, l'exploitation du mouton était plus en honneur qu'aujourd'hui, et il n'était pas de ferme un peu importante qui n'eût son troupeau et sa bergerie. On cherchait principalement la production de la laine en même temps que la production du fumier, auquel on attachait une grande importance, parce qu'il constituait alors le principal et presque l'unique engrais organique, à tel point qu'un vieux proverbe traduisait ainsi le sentiment populaire :

> Il n'y a ni prière, ni oraison,
> Il n'y a que fumier de mouton.

Cette exploitation du mouton atteignit son apogée au milieu du XIXe siècle, puis, peu à peu, avec les progrès de l'industrie, le développement du commerce, la production de la viande se substitua à la production de la laine ; alors le mouton artésien, à la charpente lourde, aux membres solides, d'osseux qu'il était, devint par suite de croisements successifs avec les béliers anglais, les dishley notamment, plus apte à l'engraissement : le corps fut plus près de terre, les membres plus grêles, mais la laine diminua en qualité.

Petit à petit, à la fin du siècle dernier, on remarqua une dépécoration sensible dans nos campagnes, à mesure que la culture intensive et la culture industrielle faisaient des progrès.

Toutefois, avant-guerre, il y avait encore assez de troupeaux dans la région de Bapaume et la plupart des grandes fermes avaient une bergerie bien montée ; mais, depuis, la spéculation des moutons ne reprit que lentement, car les agriculteurs, absorbés par le rétablissement de leurs exploitations, négligèrent un peu cette question.

Cependant, quelques exploitants avisés reconstituèrent immédiatement leurs troupeaux pour les faire pâturer dans les terres incultes ; cela constituait une nourriture à bon marché et avait en outre l'avantage d'aider à la remise en état du sol. Ce n'est que ces dernières années que le mouton prit une importance nouvelle par suite des paiements en nature effectués par l'Allemagne, comme nous l'avons indiqué plus haut pour les bovins. Notons qu'en général les agriculteurs sont satisfaits des ovins de provenance allemande, bien qu'ils leur soient revenus très cher ; c'est là la principale source de reconstitution des troupeaux dans notre région.

Conditions économiques des spéculations ovines

Il faut d'abord considérer, si les conditions économiques actuelles, sont favorables aux diverses spéculations ovines.

Les ovins ne sont, en somme que des machines de transformation, fabriquant, avec les aliments qu'on leur donne, de la laine et de la viande. L'art consiste à les leur faire fabriquer aux meilleures conditions possibles, c'est-à-dire au plus bas prix de revient. Ce problème ne sera résolu que par l'étude de la situation qui est faite aux produits, c'est-à-dire à la laine et à la viande, par l'état du marché sur lequel ils doivent être écoulés ou vendus.

1° LA VIANDE

La hausse des salaires, les exigences de la vie moderne, le sentiment de l'égalité particulièrement développé en France, ont donné aux travailleurs de vives aspirations au bien-être et, depuis une vingtaine d'années, la consommation de la viande, celle de mouton particulièrement, s'est considérablement accrue dans nos régions, et le prix a subi, ces dernières années, une hausse constante. La région de Bapaume proprement dite, essentiellement agricole, consomme assez peu de viande de mouton, mais nous trouvons dans les cités industrielles ou minières, très populeuses, des régions voisines, plus au nord, des débouchés importants ; Lille, Roubaix, Tourcoing, Valenciennes, les pays du bassin minier font une consommation énorme de viande, et l'arrivée des moutons étrangers ne nuit en rien à notre commerce, car ils viennent occuper une place qui resterait vide sans eux, la production ne répondant pas à la consommation. En outre, nous avons, de l'autre côté de la Manche, une nation toujours affamée, à laquelle nous pourrions livrer notre viande et aux meilleures conditions, car nous sommes ses plus proches voisins.

A l'heure actuelle, c'est la viande de mouton qui est la plus appréciée sur les marchés et son prix atteint 7 et 8 francs le kilogramme.

La production de la viande de mouton rencontre donc dans notre région des conditions économiques très favorables.

2° LA LAINE

Alors qu'autrefois on considérait la laine comme l'un des principaux produits du mouton, sinon le principal, à l'heure actuelle, par suite de la suppression des paysans-tisseurs, de l'amélioration des races et surtout à cause de la prépondérance que l'on donne à la production de la viande, cette exploitation est un peu considérée **comme** accessoire ; toutefois, malgré l'importance réduite qu'on lui accorde, il ne faut pas la négliger, car elle est, à l'heure actuelle, une source appréciable de profits.

Les filatures de Tourcoing, Roubaix, etc., apprécient assez les laines de nos moutons, malgré **la** concurrence étrangère, et le prix qu'on obtient est plutôt élevé, de 12 à 15 francs le kilogramme pour les laines de bonne qualité. Ce sont les laines intermédiaires qui sont les plus appréciées à l'heure actuelle par les filateurs, pour la fabrication des étoffes de nouveautés et des draps ; et il ne faut pas trop craindre la concurrence des étrangers, car plus notre industrie consomme de laines exotiques, plus elle a besoin de laine française.

Un autre avantage des laines intermédiaires ou fines est que la production de ces laines s'allie très bien à la production de la viande : elles peuvent donc être produites au plus bas prix de revient.

On peut donc dire que l'élevage des moutons se trouve, dans notre région, dans les conditions économiques les meilleures pour son développement.

Le berger

L'une des plus grandes difficultés pour l'élevage des moutons dans notre région est la pénurie de main-d'œuvre. On ne trouve présque plus de bergers dans nos campagnes ; les vieux ont disparu sans avoir su former de successeurs et les jeunes gens ne trouvent qu'un attrait médiocre à ce métier qui ne laisse aucun repos, pas même le dimanche, et qui est regardé comme une profession inférieure pour les raisons mêmes qui en faisaient autrefois le prestige ; en effet, les bergers étaient tous un peu sorciers, rebouteurs, guérisseurs, etc. ; maintenant, on a une tendance à les considérer comme des simples d'esprit et on ne trouve plus parmi les ouvriers actuels ces qualités de dévouement et de fidélité qui étaient la caractéristique de nos vieux bergers. La crise était déjà aiguë avant-guerre, elle le fut encore plus après, car ceux qui avaient vécu dans les tranchées revenaient un peu dégoûtés de leur métier pénible et astreignant, et leurs exigences devinrent plus grandes. Et l'agriculteur qui, à

J. P. 7

l'heure actuelle, veut garder un bon berger, doit faire d'énormes sacrifices et l'intéresser à son entreprise. Chez les petits agriculteurs, c'est souvent l'un des fils de la maison qui garde le troupeau, mais dans les moyennes et les grandes cultures, cette question du berger est très grave et souvent elle a formé un obstacle insurmontable à la constitution d'un troupeau d'ovins.

Alimentation

Les moutons restent à l'étable la majeure partie de l'année, environ sept ou huit mois, de novembre à juin. Comme aliments pris sur place, on compte surtout les regains de luzerne et de trèfle, c'est-à-dire la troisième coupe que les agriculteurs de notre région délaissent ordinairement; quelquefois même, on fait pâturer les secondes coupes, quand elles ne sont pas très abondantes et, en tout cas, avant d'enterrer une prairie artificielle, on y fait passer les moutons. On pourrait aussi mettre un peu de minette ou de sainfoin pour assurer au troupeau une nourriture suffisante.

En août et septembre, les bergers conduisent leurs troupeaux dans les chaumes, et, en octobre, un excellent aliment est fourni sur place par les fanes de betteraves, qu'il est préférable de faire pâturer par les ovins plutôt que par les bovins, car ces derniers laissent plus de traces de leur passage et, d'autre part, l'engraissement est plus rapide quand il y a immobilité complète des sujets.

Pour le régime à l'étable, les principaux aliments que l'on pourrait fournir sont d'abord les fourrages, trèfle et luzerne, et les pailles. Les tourteaux sont assez employés aussi, mais leur prix un peu exagéré fait qu'on les écarte le plus possible des rations. Enfin, on utilise la betterave demi-sucrière en assez petite quantité toutefois et surtout les pulpes qu'on peut se procurer facilement.

On voit donc que ce n'est pas la nourriture qui fait défaut, chez nous, pour les ovins, au contraire, l'établissement d'un troupeau dans notre exploitation serait très utile pour consommer l'excès des pailles et des pulpes, ainsi que les regains qui sont souvent perdus.

Exploitation des bêtes ovines

Il est une chose à considérer, c'est que sur nos marchés du Nord, on apprécie peu les viandes délicates et les petits morceaux, les populations ouvrières préférant les morceaux consistants et gras ; aussi l'exploitation de l'agneau blanc ne sera-t-elle pas en faveur dans notre région, comme dans les pays qui approvisionnent la Villette, d'autant plus que les agneaux blancs fournissent peu de laine.

Les agriculteurs estiment que la meilleur exploitation est celle de l'agneau gris, c'est-à-dire de l'agneau sevré et engraissé pour être livré à la boucherie vers l'âge de huit à dix mois, lorsqu'il a atteint un certain développement. L'éleveur réalise ainsi dans le minimum de temps le maximum de produits. D'ailleurs, il ne faut pas croire que la viande de l'agneau gris soit très inférieure à celle de l'agneau blanc ; dans les races précoces, la viande reste tendre comme celle de l'agneau de lait, persillée de graisse et, par suite, juteuse, mais à la condition toujours de fournir une alimentation au maximum, copieuse et nutritive.

Certains agriculteurs préfèrent garder les agneaux plus d'un an, parce qu'ainsi ils rapportent plus de laine et font plus de poids. Nous croyons que c'est là une erreur et qu'il vaut mieux s'en tenir aux agneaux gris, car les animaux précoces se développent et s'engraissent beaucoup plus rapidement dans la première année de leur existence que dans la deuxième ; l'animal assimile la nourriture d'une manière plus active et plus parfaite et on remarque que l'accroissement journalier après la première année va en diminuant.

Quant aux brebis mères, on estime, à juste raison, qu'elles doivent être réformées et mises à l'engraissement après le troisième agnelage. Si on les gardait plus longtemps, elles perdraient leurs aptitudes à l'engraissement et elles ne donneraient plus que de mauvais produits.

Pour les béliers, il serait sans doute préférable de prendre des sujets d'élite, achetés et renouvelés tous les deux ans, afin d'infuser au troupeau un sang riche et nouveau.

Des agnelles seront gardées chaque année pour remplacer les brebis réformées.

Production du fumier

Les moutons sont producteurs de viande, producteurs de laine, mais ils sont aussi et c'est là un point important, des producteurs de fumier. La valeur de cette dernière production dépend des deux spéculations précédentes : en effet, plus les conditions économiques seront favorables à la production de la laine et de la viande, plus l'élément fertilisant apporté par le mouton sera intéressant. Nous allons donc voir ce qu'est le fumier produit par les ovins et ensuite, en faisant le compte d'une bergerie, nous établirons le prix de revient de la tonne d'engrais et nous pourrons conclure alors.

Le fumier de mouton concentré et peu humide se rapproche du fumier de cheval, mais il est beaucoup plus riche en éléments fertilisants que ce dernier, aussi serait-ce une faute que de négliger une telle fumure quand on peut la produire à des conditions avantageuses.

On estime à 600 kgs la quantité de fumier produite annuellement par un mouton et cette quantité peut s'élever à 700 kgs quand on nourrit d'une manière intensive et qu'on met d'abondantes litières. Malheureusement, on constate qu'en stabulation, beaucoup d'azote passé dans la litière des moutons est perdu. MM. Müntz et Girard estiment la perte, c'est-à-dire la différence entre l'azote ingéré d'une part et l'azote récupéré dans la viande et le fumier, d'autre part, à environ 50 % ; avec les bovidés, la perte ne s'élève qu'à 34 %. Ceci provient de ce que le fumier de mouton est sec, car l'ammoniaque, très soluble dans l'eau, n'en trouvant pas assez, est perdu. Sans insister sur les moyens que préconisent certains agronomes, pour éviter une telle déperdition d'azote, disons seulement que ce qui nous paraît le plus pratique, est encore de fournir une litière très abondante aux animaux, car on a constaté qu'ainsi on abaissait à 40 % la perte d'azote ; on pourrait encore facilement réduire cette perte, en enlevant les litières souvent et en les transportant sur les fumières où la dissociation du carbonate d'ammoniaque se fait moins facilement.

Parcage

Dans beaucoup de régions, pendant l'été, on ne rentre pas les moutons à la ferme, on se contente de les parquer et on trouve à ce procédé de nombreux avantages : le sol est fumé directement, donc il y a économie de main-d'œuvre, et si on a soin de labourer immmédiatement la pièce parquée, la perte des éléments fertilisants est minime : seulement 24 % de l'azote est perdu, donc réduction de moitié sur la stabulation. D'autre part, dans les sols légers, le piétinement des animaux plombe la terre et la rend plus propice à la récolte des céréales.

Cependant, malgré ces quelques avantages, plusieurs agriculteurs, dans notre région, tendent à s'éloigner de cette pratique pour les raisons que voici :

1° La terre étant assez forte, argileuse, le piétinement des moutons en exagère encore la compacité, d'autant plus que le sol manque de chaux, surtout depuis la guerre. Nous croyons que cet inconvénient peut être atténué si on laboure immédiatement les pièces parquées.

2° Le mauvais temps, les orages, la fraîcheur de la nuit occasionnent des maladies et des accidents chez les animaux. ¿

3° La laine, exposée à la pluie et en contact avec la terre, perd beaucoup de sa qualité.

C'est pour cela que certains préfèrent rentrer leurs animaux à la ferme, pour la nuit, et les faire parquer sur une fumière, où ils seront à l'abri des intempéries, tout en étant à l'air, et où ils pourront recevoir une ration supplémentaire, si besoin est. D'autre part, par ce moyen, on peut faire une plus grande utilisation des pailles et produire ainsi plus de fumier.

Ce procédé nous semble assez rationnel et tout aussi avantageux que le parcage proprement dit.

Il ne nous reste qu'à fixer maintenant si le prix de revient de la tonne de fumier par les ovins est avantageux.

Comptes d'une bergerie

Les chiffres que nous allons donner ont été fixés d'après les indications de plusieurs agriculteurs. Pour établir ce compte, nous prendrons comme base un troupeau de 800 têtes, dont 380 brebis mères, 120 antenaises, 300 agneaux et 6 béliers.

Valeur du capital engagé

Béliers : 6 × 400 fr........................   2.400 fr.
Brebis : 380 × 320 fr......................   121.600 »
Antenaises : 120 × 250 fr.................   30.000 »
  (Les agneaux, vendus vers 10 mois, ne
    comptent pas comme capital; ils cons-
    tituent un revenu.)
Matériel ....   5.000 »

             Total........................   159.000 »

Dépenses

Nourriture d'hiver (7 mois). La nourriture se
    compose de betteraves, de menue paille,
    de fourrage. de paille, avec un supplé-
    ment de tourteaux pour les brebis mères
    et un peu d'avoine pour les béliers.
Béliers : 0 fr. 55 × 6 × 210 jours..........   693 fr.
Brebis : 0 fr. 50 × 380 × 210 jours.........   39.900 »
Antenaises : 0 fr. 40 × 120 × 210 jours....   10.080 »
Agneaux : 0 fr. 30 × 300 × 210 jours.......   18.900 »

    Nourriture d'été (5 mois) :
Béliers : 0 fr. 55 × 6 × 150 jours..........   495 »
Brebis et antenaises : 0 fr. 15 × 500 × 150 j.   11.250 »
Agneaux : 0 fr. 08 × 300 × 150 jours......   3.600 »

    Suppléments :
Béliers : 0 fr. 90 × 0 kg. 500 avoine ×
    60 jours × 6............................   162 »
Brebis nourrices : 0 fr. 30 (250 grammes
    tourteaux) × 60 × 300..................   5.400 »
Tonte : 1 fr. 25 × 806.....................   1.007 50
Entretien des bâtiments et du matériel....   300 »
Vétérinaire, maladies ....   1.200 »
Frais divers...............................   1.200 »
Un berger, un aide.........................   13.000 »

             Total........................   106.187 50
Intérêt des dépenses.......................   6.383 fr.
Intérêt du capital engagé..................   9.520 »

         Total des dépenses................   122.090 50

Recettes

Vente des brebis réformées: 150 × 65 kgs × 5 fr. 75............................... 56.062 50
Vente des agneaux gris : 150 × 45 kgs × 6 fr. 50............................... 43.875 »

    Laine :

Béliers : 6 × 4 kgs 500....... ⎫
Brebis et antenaises: 500 × 3 k. ⎬ × 12 fr. = 30.240 »
Agneaux : 300 × 1 kg. 500.... ⎭

       Total........................ 130.177 50

Bénéfice net : 8.087 fr.

A cette somme, il faut encore ajouter la quantité de fumier produit, qui peut s'élever à environ 400 tonnes pour un tel troupeau ; aussi, on voit que la spéculation des ovins présente des avantages, qu'il était intéressant d'étudier.

Comme conclusion pratique à ce rapide aperçu, nous dirons que la spéculation ovine, telle que nous venons de l'envisager, viendrait compléter heureusement l'exploitation des bovins, tant par l'utilisation des produits que ces derniers ne peuvent consommer que par la grande quantité de fumier fourni qui, ajouté à celui des autres animaux, suffirait amplement à l'exploitation et accroîtrait sa prospérité.

LES MOTEURS A LA FERME

Si la production du fumier est un des principaux facteurs, et on peut presque dire le premier facteur dans l'économie d'une ferme de culture intensive, la question de la traction a une non moins grande importance : fumure et façons culturales, ne sont-ce pas là les deux éléments du succès dans nos exploitations, comme nous l'avons indiqué plus haut ; aussi, après avoir développé le premier élément dans la précédente partie, était-il logique que nous abordions le deuxième : avoir des instruments producteurs de force ou des animaux de travail s'adaptant bien aux conditions du milieu et à la tâche que l'on exige d'eux, en même temps que d'un prix de revient peu élevé, tel est le problème que doit résoudre tout agriculteur dans une exploitation et que nous allons essayer d'étudier dans cette partie de notre thèse.

CHAPITRE PREMIER

LA TRACTION MECANIQUE

C'est surtout depuis la guerre que l'agriculteur
emploie les tracteurs, car auparavant, ces instruments ne connaissaient pas une très grande vogue,
et rares étaient les cultivateurs qui employaient
les chevaux-vapeur dans notre région, pour leurs
façons culturales et leurs charrois. La guerre a
passé, qui a permis aux arts mécaniques de faire
de très grands progrès; les conditions économiques
ont aussi changé et, depuis la guerre, la question
des tracteurs s'est posée d'une façon plus précise.
Toute de suite après les hostilités, en 1919, l'Etat
avait envoyé des équipes de tracteurs, pour effectuer les premiers labours de défoncement dans nos
régions dévastées ; cela n'a pas contribué pour peu
à l'engouement qui se manifesta alors pour ce
genre de traction. Le cultivateur, qui ne voyait que
le beau côté du tracteur et n'avait pas à en supporter directement les inconvénients, crut voir là
le remède à la crise de main-d'œuvre et aux travaux
pressés et multiples qu'il fallait effectuer. L'Etat
offrit des primes ; un grand nombre de voyageurs
circulaient dans la région, qui firent miroiter aux
yeux des agriculteurs les avantages du tracteur ;
pressés, sollicités de toutes parts, nombre de culti-

vateurs se laissèrent aller à acheter de ces instruments qui, les premières années, rendirent quelques services, mais que l'on vit bientôt remisés dans un coin de la ferme, ou bien vendus. Le tracteur avait été comme les articles de mode : il avait eu sa saison.

Cette rapide décadence de la traction mécanique chez nous mérite de retenir notre attention et nous devons étudier cette question sérieusement.

Voici les principales raisons que nous avons pu recueillir auprès de divers agriculteurs, justifiant l'abandon des tracteurs.

L'une des premières raisons qui effraient l'exploitant en face de l'emploi de ces engins, c'est tout d'abord les dépenses qu'ils exigent, non seulement dépenses d'achat, mais encore et surtout frais d'entretien et de carburant ; en effet, à l'heure actuelle, l'essence et le pétrole sont à un prix très élevé. Toutefois, nous croyons pouvoir affirmer, d'après certains comptes officiels, que l'hectare labouré au tracteur ne revient pas plus cher que l'hectare labouré avec les chevaux; aussi doit-il y avoir d'autres raisons, parmi lesquelles nous citerons tout d'abord la question de main-d'œuvre. Il est, en effet, très difficile de trouver un bon mécanicien qui soit en même temps un bon laboureur ; évidemment, il faut d'abord un homme qui connaisse son moteur et le conduise convenablement, mais il ne faut pas oublier que derrière le tracteur se trouve un instrument aratoire, dont il faut savoir se servir également et d'autant mieux que l'engin de traction va plus vite.

Malheureusement, ces deux qualités se rencontrent rarement : le bon laboureur se décide difficilement à quitter ses chevaux, et le bon mécanicien dédaigne de savoir labourer ; et puis, d'ailleurs, il ne faut pas oublier que le tracteur ne peut travailler qu'une petite partie de l'année et, alors, il faut s'ingénier à trouver des travaux complémentaires au conducteur ; c'est là une question assez délicate, car souvent cet homme ne voudra pas conduire de chevaux.

A ces raisons bien générales, il faut en ajouter d'autres, plus particulières à la région ; par exemple, le morcellement exagéré de la culture, qui empêche de tirer du tracteur tout le profit nécessaire et, bien souvent, on ne peut s'en servir, étant donnée l'exiguité des parcelles de terre.

Enfin, dernière objection contre le tracteur, c'est la médiocrité du travail effectué, et si l'on en croit l'opinion d'un grand nombre d'agriculteurs, seuls sont faits convenablement les travaux tels que déchaumages, extirpages et moisson et, plus rarement, arrachage de betteraves.

Parfois aussi, certains emploient le tracteur comme producteur de force pour faire marcher une batteuse ; c'est là une erreur, croyons-nous, à moins d'avoir de très fortes batteuses qui puissent utiliser la puissance totale du moteur.

Quant aux autres travaux, tels que labours, hersages, on estime que le tracteur est trop lourd, il défonce le sol, surtout quand la terre est un peu humide et souvent on s'aperçoit trop du passage des roues ; pour les labours, en outre, les sillons sont souvent irréguliers et, d'autre part, les coins sont mal faits.

Voilà donc, brièvement résumées, les différentes raisons qui semblent justifier le dédain dans lequel on tient le tracteur dans notre région.

Malgré tout, faut-il l'exclure absolument ? Nous ne le croyons pas et nous pouvons affirmer que dans notre exploitation où la traction se fait uniquement avec les chevaux, l'acquisition d'un tracteur serait utile, malgré ses multiples inconvénients.

En effet, il arrive très souvent, avec notre genre de culture, qu'à certaines périodes, le travail est très pressé ; par exemple, après la moisson qui, ordinairement, finit assez tard chez nous — certaines années, elle n'est pas encore terminée le 10 septembre — il y a tous les déchaumages à effectuer, les labours de « défriche », les semis d'escourgeon, les charrois de fumier et, à la fin de septembre, on commence les arrachages de betteraves et les semis de blé. Les quatorze chevaux de l'exploitation suffisent difficilement à cette tâche et, souvent, on est obligé de négliger certains travaux tels que les déchaumages, par exemple. Il en est de même au printemps, au moment où il faut semer les avoines, les betteraves, les lins et, soigner les blés. A ces périodes de travail intense, il faudrait un supplément de traction qui permît d'effectuer tous les travaux à temps et de donner à la terre tous les soins utiles. Comme on ne peut songer à avoir des attelages de chevaux supplémentaires, qui ne seraient utiles qu'à certaines époques seulement, nous croyons que la meilleure solution serait d'avoir un tracteur, qui viendrait compléter l'action des chevaux, aux moments difficiles, et auquel on réserverait les travaux qu'il peut effectuer convenablement, par exemple les déchaumages en septembre, tâche dont il s'acquitterait très vite et très bien. D'autre part, si un jour, cela viendra peut-être, les arracheuses de betteraves arrivaient à être perfectionnées à un tel point qu'on pût les employer avantageusement, ce serait là un excellent mode de traction, très puissant, les chevaux devant être employés, à cette période, aux charrois de betteraves et aux semis de blé.

Au printemps, au moment des semailles, le tracteur pourrait encore rendre d'appréciables services, et enfin il serait d'une grande utilité pour la moisson ; il pourrait, en effet, remplacer avantageusement, en traînant une coupe de 1^m80, deux attelages de trois chevaux, traînant deux coupes de 1^m50 ; ainsi, la plupart des chevaux étant libres, pourraient effectuer les charrois de lin, et il serait possible de commencer la rentrée des céréales avant que tout ne soit coupé, ce qui avancerait considérablement le travail et diminuerait les pertes qu'éprouvent, par suite du mauvais temps en fin août, commencement septembre, les récoltes qui sont encore dans les champs.

Voilà les différentes raisons qui militent en faveur de l'utilité d'un tracteur dans notre exploitation, non point qu'il doive remplacer les chevaux, mais seulement les compléter ; il sera en quelque sorte un instrument de secours.

J. P.

Le choix d'un tracteur

Il est très délicat de dire quel peut être le meilleur type de tracteur à adopter, car à l'heure actuelle les modèles fournis à l'agriculture sont si nombreux, et si nombreux aussi les changements qu'on leur fait subir d'année en année et d'exposition en exposition, qu'il est presque impossible de fixer son choix à l'avance.

D'après les renseignements que nous ont fournis plusieurs agriculteurs de la région ayant eu à se servir de tracteurs, il résulte que c'est le tracteur à chenilles qui a donné les meilleurs résultats pour la perfection du travail, à cause de sa grande maniabilité, de son adhérence au sol qui fait que ce tracteur peut travailler dans des rampes à 4 %, sans que la terre présente de traces de dérapage, ce qui arrive souvent avec les roues à cornières ; à cause enfin de la grande étendue de sa surface portante, d'où il résulte une pression assez faible par centimètre carré ; ceci a une grosse importance, surtout chez nous, où les terres sont plutôt fortes ; si, en effet, la proportion d'argile atteint 30 à 40 %, le passage des roues produit un tassement et une agglomération des particules que la charrue et les diverses façons qui peuvent suivre n'arrivent pas à détruire.

Ce sont là de grands avantages, évidemment, mais encore faut-il rechercher un tracteur dont l'entretien ne soit pas trop coûteux ; or, à l'heure actuelle, on tend de plus en plus à lancer dans l'agriculture des moteurs pouvant marcher avec un carburant peu coûteux, moteurs à gaz pauvre, à huile lourde, etc. Cette question n'est pas encore mise au point, mais il faut souhaiter qu'elle soit promptement résolue, afin de permettre aux agriculteurs de se servir plus facilement d'un instrument qui leur rendra de grands services.

Le remembrement

Nous avons dit plus haut que l'un des principaux obstacles à l'emploi du tracteur, était le morcellement exagéré de la culture ; ici, nous abordons une question assez délicate et sur laquelle nous voulons insister particulièrement, à cause de l'intérêt qu'il y aurait à faire le remembrement des terres. Malheureusement, cela est presque impossible chez nous, car les petits cultivateurs, qui constituent la majorité, n'en veulent pas, parce qu'ils ne subissent pas, comme l'agriculteur plus important, tous les désagréments d'un morcellement exagéré ; d'autre part, ils craignent toujours d'être lésés dans le partage, car ils estiment que la terre qu'ils cultivent est meilleure que celle des autres et ils ont un saint attachement pour les champs qui leur ont été légués par leurs pères ; aussi, de ce côté, la question est presque insoluble et l'on ne peut demander le remembrement. La meilleure solution est encore de s'arranger à l'amiable et d'agrandir petit à petit les pièces de terre par des échanges successifs ; on n'obtient pas ainsi une agglomération parfaite, mais au moins on arrive à supprimer un nombre assez considérable de pièces et, à la longue, on atteindra le but poursuivi ; les frais qu'occasionnent ces échanges, sont vite rattrapés par les meilleures conditions dans lesquelles on se trouve pour cultiver.

On voit donc que cette question n'est pas insoluble, mais il faut regretter que tous ne comprennent pas l'utilité qu'il y aurait, pour la prospérité de la culture, à faire le remembrement officiel.

Comme conclusion à ce chapitre, nous dirons que les difficultés qui s'opposent à l'emploi du tracteur ne sont pas insurmontables et qu'elles peuvent être très atténuées, comme nous venons de le voir.

LES CHEVAUX

Nous venons de montrer, dans le chapitre précédent, les raisons pour lesquelles le tracteur était utile dans notre exploitation, malgré ses multiples inconvénients ; mais ce n'est là qu'un instrument de secours, et c'est surtout aux moteurs animés que nous devons avoir recours, tant au point de vue économique qu'au point de vue des bonnes conditions culturales.

Parmi les moteurs animés, le seul qui soit employé dans notre région, c'est le cheval ; on a vu plus haut pourquoi le bœuf de travail devait être délaissé. Cependant, dans quelques petites fermes, on rencontre des mulets qui sont appréciés pour leur sobriété et leur endurance ; dans la grande culture, on ne peut les employer à cause de leur peu de docilité.

Il y a actuellement, dans notre exploitation, quatorze chevaux de trait. Alors qu'avant-guerre, il n'y avait que des chevaux hongres, on remarque maintenant six juments provenant de livraisons allemandes, mais dont on ne se sert pas pour la reproduction.

Races

Dans notre exploitation, comme dans toute la région d'ailleurs, on trouve principalement des chevaux de race boulonnaise et des chevaux de race belge.

Toutefois, depuis la guerre, nos écuries sont en partie peuplées par des produits allemands dont il est assez difficile de définir les origines; en général, on est satisfait de ces chevaux puissants et d'une allure assez vive.

Actuellement, dans notre région, un mouvement assez net se dessine en faveur du cheval boulonnais, dont on reconnaît de plus en plus les qualités. En effet, les chevaux belges, remarquables par leur puissance, la force de leurs membres, sont plutôt lourds et lents, tandis que les boulonnais, tout aussi puissants que les précédents, et tout aussi dociles, sont plus rapides et plus ardents au travail ; c'est là ce qui fait leur supériorité et c'est pourquoi on tend de plus en plus à remplacer la race belge par la race boulonnaise.

Spéculations pratiquées

Avant la guerre, on achetait des sujets de dix-huit mois, ordinairement à la foire aux poulains de Cambrai, qui a lieu le 24 novembre, et on vendait les chevaux vers l'âge de huit à dix ans et quelquefois plus tard, quand on avait des sujets de valeur que l'on tenait à garder. Cette spéculation était celle pratiquée ordinairement dans la région, et il était

assez rare que les agriculteurs se livrassent à
l'élevage. Ainsi, Viseur, dans son livre sur *le
Cheval boulonnais*, relève comme population chevaline dans le canton de Bapaume :

```
Etalons  ......................    115
Hongres  ......................  1.143
Juments  ......................    451
Poulains nés en 1894 ..........     31
```

On se rend compte par ces chiffres combien peu
on pratiquait l'élevage.

Depuis la guerre, il est assez difficile de fixer
exactement à quelles spéculations se livrent les
cultivateurs, parce qu'il a fallu acheter immédiatement des chevaux adultes pour la remise en
culture et, d'autre part, à cause des livraisons
allemandes. Cependant, ces dernières années, on a
recommencé, dans notre exploitation, l'achat des
poulains de dix-huit mois.

Cette spéculation semble plus avantageuse que
l'achat de poulains de six mois, ce qui se fait très
rarement, ou encore que l'achat de chevaux de
quatre et cinq ans, ce qui est très onéreux.

On achète ordinairement les sujets de dix-huit
mois en novembre ; actuellement, on les paie de
3.000 à 4.000 francs. Ils passent une partie de
l'hiver à l'écurie, car on ne peut les mettre dans
les prairies à cause du mauvais temps ; cependant,
comme il est bon de leur faire prendre un peu
d'exercice, on les lâche sur les fumières ; ils se
développent ainsi très bien sans souffrir des
intempéries.

A l'écurie, ils reçoivent une ration assez abondante et, chaque jour, on leur donne de 4 à 5 kgs d'avoine.

On ne commence à les faire travailler que vers la fin de l'hiver, légèrement au début, pour augmenter progressivement les efforts de l'animal, afin de ne pas empêcher son plein développement.

Le dressage est ordinairement assez facile, car le poulain a été habitué à l'écurie, à la main et à la voix de l'homme.

L'élevage des chevaux

Il est une chose à remarquer, c'est que depuis la guerre, dans la région, on pratique l'élevage bien plus qu'auparavant ; il y a à cela deux raisons : c'est que tout d'abord, les prix excessifs qu'ont atteint les chevaux ces dernières années ont effrayé les cultivateurs et c'est aussi parce que des juments pleines ayant été fournies par les Allemands, les cultivateurs ont pris goût à l'élevage et ils ont trouvé ce procédé beaucoup plus économique.

Il semble, en effet, que cette spéculation, bien que créant plus d'ennuis que la précédente, soit plus avantageuse. En effet, rien chez nous ne s'oppose à l'élevage des chevaux ; nous sommes dans des conditions aussi favorables que les régions voisines, le Boulonnais et le Cambraisis, qui se livrent avec succès à cette spéculation ; nous possédons, il est vrai, moins d'herbages, mais le peu que nous avons suffit pour élever les quelques poulains qui serviront à renouveler convenablement notre cavalerie.

Pour se livrer à cette opération, il faudra faire choix de deux ou trois poulinières de valeur qui donneront ainsi d'excellents produits. Autant que possible, et surtout au moment de la mise-bas, on évitera à ces juments les travaux trop pénibles et on ne les mettra pas dans les limons.

Les quelques inconvénients que l'on rencontre dans la pratique de l'élevage, sont largement compensés par les avantages que l'on en retire, aussi croyons-nous que c'est encore cette spéculation qui est la meilleure, pour permettre le remplacement d'une partie des bêtes à réformer ; d'ailleurs, le succès grandissant qu'elle rencontre chaque jour en est une preuve certaine.

Ecuries

La principale écurie de la ferme est aménagée dans le hangar métallique, dont nous avons donné la description en parlant de la vacherie ; c'est un vaste bâtiment de 20 mètres de longueur sur 7 de largeur et 3^{m}30 de hauteur. Cette écurie comprend 7 stalles en ciment, contenant chacune 2 chevaux. Des fenêtres placées à 2^{m}20 du sol permettent une aération excellente en même temps que l'arrivée d'une bonne lumière ; il y a également deux portes doubles à glissières ayant 2 mètres de largeur.

Au-dessus de cette écurie se trouve un grenier ; un conduit spécial permet de faire glisser l'avoine directement de ce grenier dans un coffre devant contenir les rations.

Notons enfin qu'on a prévu l'installation d'un abreuvoir automatique dans chaque stalle, ce qui permettra aux animaux d'avoir constamment une boisson propre, qu'ils ne pourront absorber que lentement, quand la distribution d'eau sera établie dans la commune.

On voit par là que l'on s'est efforcé de réduire le plus possible, par une bonne installation, les frais de main-d'œuvre, en même temps que l'on a voulu augmenter le bien-être des animaux.

On a commencé, cette année, la construction d'une nouvelle écurie qui comprendra quatre boxes pour les poulains, les juments poulinières, les chevaux malades ou les chevaux de selle.

CONCLUSION

Dans cette courte étude qui n'a été qu'une pâle esquisse de ce que nous aurions voulu, de ce que nous aurions dû dire sur un sujet qui nous était aussi cher, nous avons essayé de donner une idée, aussi juste que possible, de ce qu'était l'agriculture dans notre région et nous avons tenté de percer le secret qui a rendu nos campagnes aussi fertiles.

Malheureusement, l'expérience nous fait défaut pour traiter un sujet aussi délicat et aussi vaste et dont la rédaction ne devrait être que le couronnement d'une carrière et non la frêle ébauche d'un modeste débutant. Toutefois, pour suppléer un peu à notre ignorance, nous avons fait appel à l'autorité de ceux qui, déjà, ont tracé leur sillon dans la carrière, et nous remercions vivement les agriculteurs qui nous ont aidé de leurs conseils et qui nous ont communiqué les résultats de leurs expériences.

Nous ne pouvons terminer cette modeste étude sans dire l'admiration que nous avons ressentie à la vue de ces admirables paysans artésiens, de ces infatigables travailleurs de la terre qui font rendre à leur sol tout ce qu'il peut donner. L'envahisseur a eu beau bouleverser les exploitations, meurtrir la plaine, ils sont tous revenus, les oreilles bourdonnant encore du bruit de la bataille, pour rendre à la vie, la terre, leur grande amie, qui semblait ne plus pouvoir donner de fruits. Et puis, ce furent les années pénibles, pleines de souffrances et de labeur, pendant lesquelles il fallut relever les ruines.

Aujourd'hui, tout chante la résurrection, la plaine a repris sa prospérité d'antan, les vastes moissons couvrent à nouveau nos champs de leur parure, et les exploitations, encore un peu meurtries, sont plus florissantes que jamais. Aussi nous sommes heureux d'avoir entrepris ce modeste travail qui nous a permis de pénétrer plus profondément l'effort tenace et intelligent de nos agriculteurs, qui leur a fait faire de ce beau coin de l'Artois, l'une des régions les plus riches de la France.

TABLE DES MATIÈRES

Avant-propos 7

PREMIERE PARTIE

CHAPITRE 1er. — Généralités sur l'exploitation......... 9
   Situation 9
   Main-d'œuvre 10
   Eau 11
CHAPITRE II. — Géologie 15
   Valeur agricole 16
CHAPITRE III. — Climatologie 19

DEUXIEME PARTIE

Système cultural 21
CHAPITRE 1er. — Assolement 23
CHAPITRE II. — Cultures 25
   Betteraves 25
   Blé 32
   Avoine 36
   Orge 37
   Lin 38
   Prairies artificielles 39

TROISIEME PARTIE

Production du fumier 41
CHAPITRE 1er. — Importance du fumier....................... 41
CHAPITRE II. — Les bovins 45
   Elevage ou engraissement 46
   Choix des animaux d'engraissement 51
   Races 54
   Achat des animaux 54
   Mode et époque de l'engraissement 56
   Etables 58
   Alimentation 63
   Vente des animaux 76
   Le bœuf de travail.. 79

CHAPITRE III. — Production du fumier 83
    Litières 83
    Fumières 84
CHAPITRE IV. — Les ovins 93
    Conditions économiques des spéculations ovines 94
    Le berger 97
    Alimentation 98
    Exploitation des bêtes ovines 99
    Production du fumier 101
    Parcages 102
    Comptes d'une bergerie 103

QUATRIEME PARTIE

Les moteurs à la ferme 107
CHAPITRE Ier. — La traction mécanique 109
    Le choix d'un tracteur 114
    Le remembrement 115
CHAPITRE II. — Les chevaux 117
    Races 118
    Spéculations pratiquées 118
    L'élevage des chevaux 120
    Les écuries 121
Conclusion 123

Imprimerie Départementale de l'Oise, 26, Rue de Malherbe, Beauvais